私は横浜にあるお米屋の3代目として生まれました。
そのため、幼少の頃から現在まで、長くお米に携わってきました。

お米屋さんにしか置いていなかった飲料「プラッシー」の前で撮影した写真

初音屋のトラックにて

薪が積まれた倉庫の前にて

倉庫の中で、米俵が積まれた写真

新潟県のお米の圃場に何度も足を運んだり、

津南町グリーンアース津南の圃場にて（桑原さん）

南魚沼市の笠原農園の圃場にて（笠原さん）

新潟市上野農場では、天日干しを体験（上野さん）

全国の米農家に通い続けたり、

自分で借りた田んぼでの農作業の後に、お米づくりの名人（古川さん）と田んぼの所有者（川場村小林さん）と記念撮影

山形県河北町の圃場を見学

金賞を受賞した、群馬県川場村の圃場にて（星野さん、小林さん）

お米づくりの名人に直接会いに行ったり、

実際に、遠藤五一さんの圃場に足を運んでいました

遠藤さんからいただいた「つや姫」

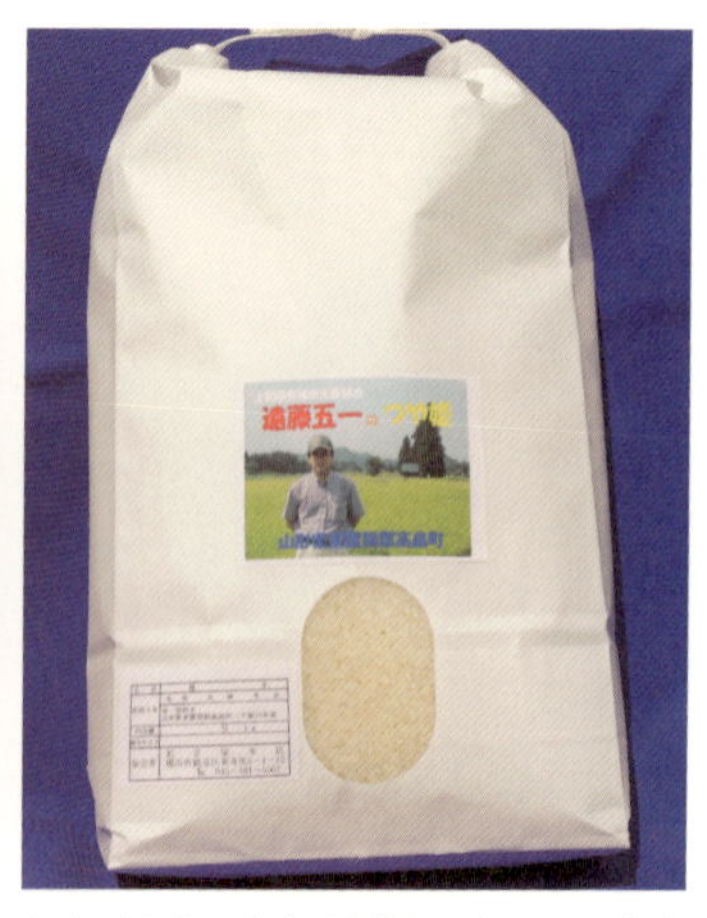

お米づくりの名人、遠藤五一さんのお米を売っていた時の初音産のパッケージです

お米づくり独自の取り組みに接したり、

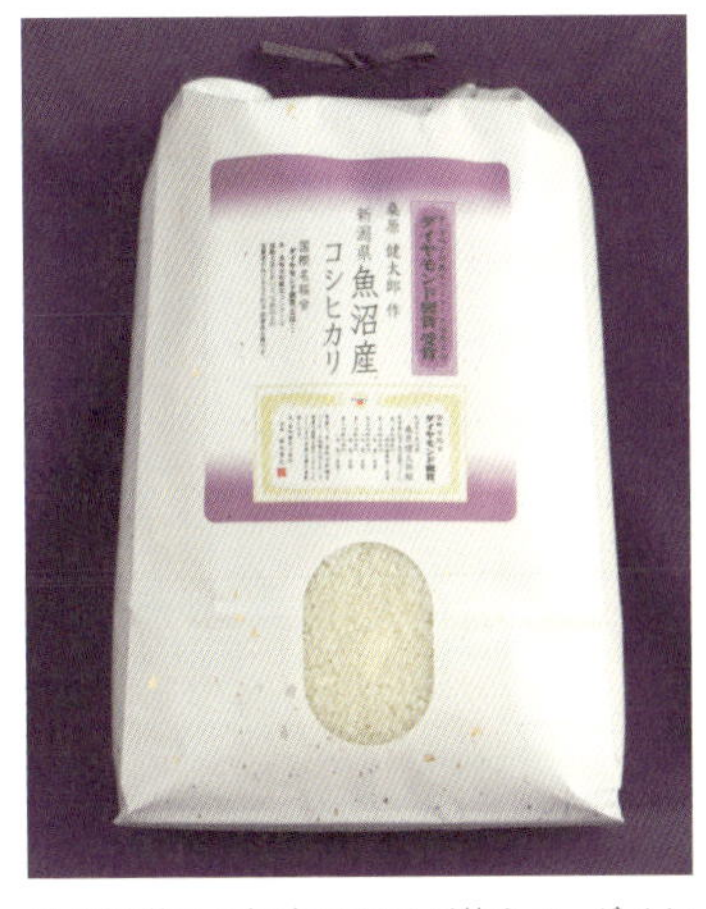

私が経営する初音屋だけが使える、ダイヤモンド褒章専用のラベルシール

富山県砺波市のJAの資料館にて、実物の稲を比較

富山市農家「土遊野」の圃場

ふるさと納税の取材をしたり、

新潟県糸魚川市の清耕園ファーム横井社長にお話を伺いました

お米を試食する際は、最適な炊き方になるよう自分で炊くこともあります

糸魚川市のふるさと納税のお米を試食中

お米のコンクールの審査員をしたり、

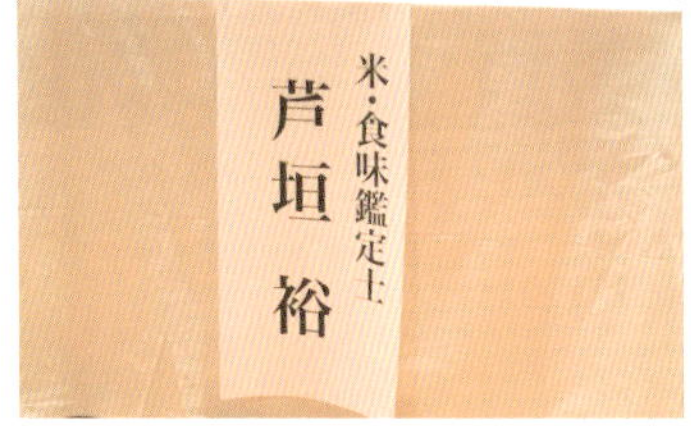

米・食味鑑定士としても様々な活動をしています

山形県真室川町で開催された米・食味分析鑑定コンクール国際大会にて審査中

実際の鑑定では、体育館やホールなど、大きな会場で行っています

お米を通じてたくさんの方と交流したりなど、
お米と切っても切り離せない人生を歩んできました。
そんな私のお米の知見を『米ビジネス』として1冊に詰め込みました。
ぜひご期待ください。

福島県郡山市の古川農園にて、稲刈り仲間たちと

宮城県角田市の米農家佐藤裕貴さんの家でライスケーキをごちそうになりました

宮城県のくりこま高原ファームのイベントにて、籾殻かまどのご飯の炊飯をお手伝いしました

新潟県の上野農場の圃場をお借りし、丸ノ内朝大学の仲間たちとコシヒカリを作りました

米ビジネス

食べるのが好きな人から専門家まで楽しく読める米の教養

芦垣 裕
Hiroshi Ashigaki

All About THE RICE BUSINESS

CROSSMEDIA PUBLISHING

はじめに　日本人の生活はお米を知ると豊かになる

昔、お米はお金のように扱われていました。

日本人の主食であるお米について、あなたはどれくらいのことを知っていますか。

お米を取り巻く環境は日々変化し、日本人の生活にも常に影響をもたらしています。だからこそ、皆さんにお伝えしたいことがあります。それは、

「お米を知ることは、お金を知ることに等しい、もしくはそれ以上の価値がある」

ということです。

お米は、政治や経済にも密接な関わりがあり、時には世の中を動かすこともあります。かつてはお米を巡って、戦や揉め事が度々起きていました。

第二次世界大戦中には、「米穀配給通帳」というお米の配給を受けるための通帳が配られました。これを持っていないとお米を手に入れられないだけでなく、身分証明書の機能も果たしていたのです。

また、お米は生活にも密接です。人間の一生の食事回数は、約9万回とも言われます。その中でも日本人の多くはお米を主食とするため、食べる量はかなり多くなってきます。女子栄養大学の五明紀春先生の調査によると、日本人が一生の間に食べるお米の量は6トンで、これはご飯茶碗11万杯分にもなります。当然ながら日々食べるものなので、健康や仕事のパフォーマンスにも大きく関わってくるのは当然のことです。

以上のように日本人にとってお米は、政治や経済をも動かし、生活に欠かせないものとなっています。こう考えると、

「日本人の生活はお米を知ると豊かになる」

と言っても過言ではないことがおわかりいただけるでしょう。

さて、私は米・食味鑑定士の芦垣裕と申します。横浜にある米屋「初音屋」の長男として、高度経済成長期の頃に生まれました。

私の祖父が「初音屋」を継いでから、私の代で三代目ですが、「米屋の跡継ぎ」と言われるのがとても嫌でした。

しかし、美味しいお米の産地の田んぼを訪ねると、そこには熱心な米農家の皆さんがおり、その出会いをきっかけにお米に興味を持つようになりました。その後は、お米のこと

にどっぷりと浸かる毎日です。

以前は、こだわりのお米を農家から直接買付けて販売もしていましたが、今では「米を売らない米屋」として、全国のお米農家の支援やメディアでのお米の解説などをしています。その中では、米・食味分析鑑定コンクール国際大会の審査員を20年以上務めてもいます。

そんな私が本書の執筆を引き受けたのは、「私たちがいつも食べているお米について、皆さんにもっと多くのことを知っていただきたい」という思いを強く持っているからです。

例えば、競馬のサラブレッドに血統があるように、お米にも系統があります。競馬を知らない人でも名前だけは知っているであろう「ディープインパクト」は、お米の世界でいえば「コシヒカリ」です。

「コシヒカリ」は、それ自体の味が良くて優秀なだけでなく、実は親としても超優秀です。その子には「ひとめぼれ」「あきたこまち」「ヒノヒカリ」といった現在の主要品種が名を連ねます。孫以降の世代も含めると「ななつぼし」「ゆめぴりか」「きらら３９７」「つや姫」

「はえぬき」「キヌヒカリ」などもコシヒカリの系統に入ります。

このほかにも、コシヒカリの子孫は数え切れないほどあり、コシヒカリとその子孫だけで全作付面積の8割以上を占めています。


お米の品種改良も技術進歩しています。

昔は、たまたま見つけた突然変異のお米を何年もかけて育成していました。それが今では、銘柄米を掛け合わせることによって、美味しくて病気や気候変動にも強い新品種を短期間で作れるようになりました。さらに、生活習慣病などにも効果があるお米も研究されており、今後お米を食べるだけで健康的な生活を楽しめるようになるかもしれません。

ここに取り上げた以外にも、お米について本当に色々なことを知っていただきたいので、そろそろ本章に参りましょう。その前に、各章の概要をお伝えします。

◯第1章

日本中の誰もが知っている「コシヒカリ」に着目し、米ビジネス全体のお話をしていきます。

○**第2章**
北海道の美味しいお米「ゆめぴりか」を含め、お米の品種について解説します。

○**第3章**
有機農法にも触れ、お米にとって切り離せない稲作についてお伝えします。

○**第4章**
無洗米や精米技術を取り上げて、お米の加工についてお話をします。

○**第5章**
JA米を中心に、お米の流通について解説していきます。

○**第6章**
様々な「お米売り場」の違いを取り上げて、小売の世界を解説します。

○**第7章**
最新の炊飯器にも着目し、炊き方についてお話をします。

○**第8章**
近年比率も増している、外食とお弁当について解説します。

○**第9章**
パックライスや海外の米事情など、これからのお米の話を述べていきます。

そして、終章ではここまでのすべての内容をまとめながら、美味しいお米を次世代につなぐために必要なことをお伝えします。どこでも好きなところからお読みください。

なお、本書は「これから仕事でお米と関わるので勉強したい」という方や、「普段仕事でお米を扱っているが、まずはその全体を知りたい」という方、さらには「お米が好きで、米ビジネスのことを教養として知っておきたい」という方に向けた入門書です。

専門用語も少なめに、使う際には解説を入れて「広く・やさしく」を基本としています。反対にどっぷり米業界に浸かっている方には物足りない内容かと思いますので、あらかじめご理解ください。

日本人にとって大切なお米、本書を通して楽しく知ってもらえたら幸いです。

第3章 有機農法に学ぶ稲作の世界

Chapter 3 : The world of rice cultivation

第4章 無洗米に学ぶ加工の世界
Chapter 4 : The world of rice processing

第5章 JA米に学ぶ流通の世界
Chapter 5 : The world of rice distribution

第6章 お米売り場に学ぶ小売の世界

Chapter 6 : The world of rice retail

第7章 圧力IH炊飯器に学ぶ調理の世界

Chapter 7 : The world of rice cooking

第8章 おにぎりミシュラン店に学ぶ外食・中食の世界

Chapter 8 : The world of rice dining out and ready-made meal

第9章 パックライスに学ぶ これからの米ビジネスの世界

Chapter 9 : The future of rice business

カバーデザイン 金澤浩二
カバーイラスト 山田将志

第1章

「コシヒカリ」に学ぶ米ビジネスの世界

Chapter 1 :
The world of rice business

ALL ABOUT THE RICE BUSINESS

1

なぜコシヒカリは有名になったのか

美味しいお米の品種といえば、多くの人が1番に「コシヒカリ」を挙げるのではないでしょうか。今や知らない人がいない人気のお米となりましたが、なぜここまで有名になったのかを知る人は少ないかもしれません。

そこで第1章では、誰もが知るコシヒカリを深堀りしていきます。

コシヒカリは、甘味・うま味の強さ、適度な粘り、総じて食味の良さからここまでの地位を築き上げたお米です。さらに、ツヤツヤとして見た目も良く、甘い香りがします。どんな食材にも合い、白飯単体で食べても満足できる特徴があります。

もちろん、この「食味の良さ」はコシヒカリを有名にした1つの要素ですが、ここまで有名になった理由はこれだけではありません。それを探るため、コシヒカリの誕生から今までをご紹介していきます。

第二次世界大戦後、食糧難を乗り越え高度経済成長期を迎えた日本では、収穫量の多さだけでなく、味の良いお米が求められるようになってきました。

その中でコシヒカリは、新潟県と千葉県で１９５６年に奨励品種として採用されました。その当時は、葉や根が枯れ「イネの疫病」ともいわれる「いもち病」に弱い点や、倒れやすい点といった課題がありましたが、栽培方法の研究と生産者のノウハウ構築が進み、安定的に美味しく作れるようになりました。

さらに、１９６２年に新潟県で「日本一うまい米づくり運動」が展開され、食味の良い品種への切り替えが進みました。この運動では、コシヒカリに代表される食味の良い品種の１等米に「新潟米」と書かれた赤票箋（あかひょうせん）を付けることで、品質保証を推進したのです。

そして、１９６９年に自主流通米制度が始まると、卸売業者も介在したお米の取引が活発化し、味の良いお米は高値で取引されるようになりました。これにより、特に味が良かったコシヒカリは、関係者の中で「儲かるお米」として、徐々に人気が高まりました。私が中学生だった１９７０年頃は、米屋を経営していた私の父も特にコシヒカリを選んで買っていた記憶があります。

そんな折、田中角栄元首相が「新潟には『コシヒカリ』という美味しいお米がある」とメディアでしきりに話していました。今では美味しいお米の代名詞になっている「魚沼産コシヒカリ」もそんな時代に有名になりました。

こうして認知されたことで需要はさらに高まり、生産者もコシヒカリを中心に栽培を開始。流通量が増えると、米穀店だけでなくスーパーにも広く並び、市民の目に留まる機会が増えたり、テレビをはじめとしたメディアでも取り上げられたりしました。

今では、登録されているものだけでも1000近い品種がある中、お米全体の生産量の約4割がコシヒカリとなっています。また、生産範囲も広く、青森から九州までで栽培されています。温暖化の影響で北海道でも生産される日も近いかもしれません。

さらに、コシヒカリを親に持つコシヒカリ系統のお米は全体の約8割以上になります。コシヒカリは、親としてもすごい品種なのです。

最近のコシヒカリは、夏の異常高温により、品質が低下していると言われます。一方で従来、コシヒカリづくりに向かなかった標高の高い土地や水温の低い土地では、とても美味しいコシヒカリが生産されている傾向にあります（もちろん、コシヒカリの良し悪しは、生産者さんの努力や栽培研究によるところも大きいのですが）。

ここまでざっとコシヒカリの誕生から現在までについて述べてきました。

以上からわかるように、コシヒカリが有名になったのは、食味の良さはもちろんのこと、時代背景に合わせた米づくり、さらには人々の口コミやメディア展開も重要な要素となっていることがおわかりいただけたかと思います。

しかし、コシヒカリが地位を伸ばしてきた時代と現在では、日本人の食習慣やニーズも違ってきています。今後は、色々な用途に合わせて、コシヒカリに代わる人気の品種が出てくるかもしれません。

ALL ABOUT THE RICE BUSINESS

2 コシヒカリはこうして生まれた

お米の品種の中でも最も有名なコシヒカリ。前節では、その有名になった歴史を述べました。では、そもそもコシヒカリはどのようにして誕生したのでしょうか。ここからは、コシヒカリの誕生に迫ります。

コシヒカリの産地としても有名な新潟県や北陸地方は、日本を代表する水田地帯です。元々、土地の約6割が湿田で占められており、お米以外の農作物を作るのが難しい土地だったので、農家は稲作に力を入れていました。

こうした農作環境で代表的だった品種は、コシヒカリの父親でもある「農林1号」というお米でした。

農林1号は、湿田での栽培に向き、早い時期に収穫できる早生品種です。さらに多く収穫できる性質がありながら、食味も良く、農家に人気のお米でした。しかし、病気に弱く、倒れやすいという欠点があり、１９４０年頃から徐々に生産が減っていきました。

一方、この頃の日本は第2次世界大戦の最中で、食料供給が逼迫していました。そこで、食糧難の解決のため、早生で多収品種という農林1号を何とか病気に強くできないかと改良が進められました。

こうして行われたのが、病気に強い「農林22号」との人工交配です。人工交配は、１９４４年に新潟県農事試験場が行いました。さらに、交配して実った種の中からより品質の良いものを選抜して育成し、また選抜して育成するという繰り返しを10年以上の時をかけて行います。

しかし、戦後になると食糧が足りない状況に拍車が掛かり、コシヒカリよりもさらに多収品種が必要となったため、コシヒカリの育成研究はしばらく中断してしまいます。

その後、コシヒカリの育成場所は福井農事改良実験所（後の福井県立農事試験場）に移ります。

実は、農林1号と農林22号のかけ合わせにより生まれた品種は、コシヒカリ以外にも、ササニシキの母としても知られる「ハツニシキ」のほか、「ホウネンワセ」「ヤマセニシキ」

「越路早生（こしじわせ）」と様々でした。このうち、当初は、病気に強くて多収で作りやすいホウネンワセが生産者には喜ばれ、1955年にコシヒカリよりも早く農林水産省で新品種として登録されています。

一方、コシヒカリは当初「越南17号」と呼ばれ、味は良いが病気に弱く倒れやすいという農林1号の性質を強く受け継いでいたので、栽培が難しいとされていました。

しかし、当時の新潟県農事試験場長などが、「栽培方法を研究すれば欠点を補えるのではないか」と考え、ホウネンワセが品種登録された翌年の1956年に「農林100号」として登録されるに至りました。そして、新潟県で栽培が始まったのです。

ちなみに、お米は農林水産省に新品種として登録されると、育成した県の試験場がカタカナで品種名をつけられるという決まりがありました。

そこで、育成を行っていた福井県の試験場が、「越前（福井県）と越後（新潟県）の共通の越の国で光り輝くお米に育ってほしい」という願いを込めて、『コシヒカリ』と命名したのです。

ここまでがコシヒカリ誕生の経緯です。

農林1号と農林22号の子供の中では、最初は劣等生とも言える立ち位置だったコシヒカリ。しかし、そこから大逆転を果たし、今や日本を代表するお米の品種となっている点がとてもドラマチックです。

ALL ABOUT THE RICE BUSINESS

3

「従来のコシヒカリ」と「コシヒカリBL」との違い

コシヒカリの産地といえば、新潟県をイメージされる方が多いでしょう。実際に新潟県は、コシヒカリの生産量でも都道府県でNo．1となっています。

しかし、現在の新潟県で生産されているコシヒカリは、そのほとんどが「コシヒカリBL」という品種だということは一般的にはあまり知られていないと思います。

実は、新潟県のコシヒカリには、「(従来型の)コシヒカリ」と「コシヒカリBL」という複数の品種があり、その品種をどちらも『コシヒカリ』の名前で販売しているのです。

このコシヒカリBLとは、何なのでしょうか。

コシヒカリBLとは、2005年産から新潟県で導入されたお米の品種です。

従来のコシヒカリは、いもち病菌への感染によって葉や穂が枯れてしまう「いもち病」

に弱いという点が弱点で、そのいもち病に対する抵抗性を持たせるために作られたのがコシヒカリＢＬです。なお「ＢＬ」とは、「Blast resistance Lines」の略で、「いもち病抵抗性系統」という意味です。

コシヒカリＢＬは、従来のコシヒカリにいもち病に強い遺伝子を持つ品種をかけ合わせた後、従来のコシヒカリと連続してかけ合わせる「連続戻し交配」という品種改良技術を用いて作られます。

従来型のコシヒカリのいもち病対策には農薬が使われてきました。これに対しコシヒカリＢＬを用いれば、農薬の使用を少なくとも従来の約25％は減らすことができ、栽培にかかるコストも安く抑えることができます。また、ＤＮＡ鑑定により新潟県産コシヒカリであることを証明できるというメリットもあります。

ここまでで、従来のコシヒカリとコシヒカリＢＬとの違いや、コシヒカリＢＬの概要をおわかりいただけたかと思います。ここからは、少し難しくなるかもしれませんが、コシヒカリＢＬというものをさらに細かく見ていきます。

実は、コシヒカリＢＬというのは品種の総称で、それらを構成する種苗法上の実際の品種は、コシヒカリ新潟ＢＬ１号～ＢＬ４号などの複数種が品種登録されており、これは従来コシヒカリとは異なる品種なのです。

例えば、「コシヒカリ新潟ＢＬ１号」は、「(従来型の) コシヒカリ」と「ササニシキ」を交配させたものを、さらに従来のコシヒカリと連続して交配したものです。これは、遺伝子的に(従来の) コシヒカリと違うものであることは明らかです。

では、コシヒカリＢＬは、本当はコシヒカリではないのでしょうか。これには、さらなる事情があります。

コシヒカリＢＬは、種苗法に基づき農林水産省が厳正に審査をし、「いもち病抵抗性の性質があること以外は、従来型のコシヒカリと同等である」と認められたものなのです。

さらに、ＪＡＳ法(日本農林規格等に関する法律)では、種苗法上の品種名が別だとしても、「生産された米の形状や品質に差がないものは、検査により認定された産地品種銘柄を表示して販売できる」というルールがあります。

こうして、従来型のコシヒカリも、コシヒカリＢＬも、「新潟県産コシヒカリ」として販売できるとされているのです。

これには、「少し無理のある判断ではないか」と感じられる方もいるかもしれません。

そんな違いのあるコシヒカリＢＬは、食味や品質にも違いがあるのでしょうか。

この疑問に対し、第三者機関である穀物検定協会の食味ランキングでは、コシヒカリＢＬは従来型のコシヒカリと同等との食味評価が出ています。

私自身の経験でいえば、まだお米の販売をしていた２００５年にコシヒカリＢＬを販売したことがあります。その当時の私の評価は、新米で炊飯した直後であれば、コシヒカリＢＬの食味は従来型のコシヒカリと同等でした。

しかし、収穫から時間が経ち、５月～６月ぐらいになると甘味や香りが薄くなり、冷めてからの粘りがややなく、硬くなってしまう感じがしました。これに対して、お客様からも苦情が多く来たのを覚えています。

ただ、これは過去の話です。コシヒカリＢＬは毎年、その年の気候なども見て、ＢＬ何号をどの地方で使うのかが変わってきます。ただし、その情報はシークレットでわかりません。そのような工夫の成果かどうかわかりませんが、最近のコシヒカリＢＬは、時期による味や品質の低下がほとんどなくなってきている気がします。

このように改良を重ねてきたコシヒカリＢＬ。最終的にどう捉えるかは、その人次第とも言えるでしょう。しかし、美味しいコシヒカリをさらに効率良く世の中に届けたいという想いから改良されてきた品種ということは事実でしょう。

ALL ABOUT THE RICE BUSINESS

4 産地によってコシヒカリの味は違うのか

コシヒカリは、ほぼ全国で栽培されています。ただし、北海道、東京都、沖縄県は、産地品種銘柄になっていないので、栽培されていたとしても「コシヒカリ」と表示することができません。

そして、一般的にその味の傾向は、大きく東西に分けることができます。

近畿地方以西の西日本のコシヒカリは、しっかりした食感で粘りもやや少なめ、甘味とうま味も控えめな傾向です。

一方、東日本の日本海側と内陸部のコシヒカリは、柔らかくて粘りが強く、ふっくらとして甘味とうま味も強くある傾向です。また、東日本の太平洋側のコシヒカリは、適度な柔らかさと粘りがあり、甘味とうま味も適度にある傾向があります。

ただし、実際にはその場所の地形や土質、水質、気象などによって、微妙に味が異なっています。

例えば、新潟県の魚沼産コシヒカリは、柔らかくてモチっとした粘りが強く、心地良い弾力があり、甘味、うま味がとても強いため、白飯として食べるととても美味しいと言われています。

しかし、魚沼産コシヒカリを食べて「美味しくなかった」という経験をされた方もいらっしゃることでしょう。これは土質、水質、気象など、魚沼地方の中でも、細かい地域でその環境に違いがあるためです。

このほかにも、川を挟んで西側と東側では、同じコシヒカリでも微妙に味が変わっていきます。

産地だけでなく、生産者の持つ田んぼの中でも、たくさん採れるところとあまり採れないところがあります。作物を栽培する場所のことを「圃場（ほじょう）」と呼びますが、「ここの圃場は毎年美味しいお米が採れるけど、この圃場はダメだ」という話は、よく聞かれる話です。

極端に言うと、1つの田んぼでも、真ん中の方と端の方とではお米の味が違います。お米は生き物ですから、それぞれ1粒ごとに個性があってもおかしくないのです。

さらに、全国的に温暖化による異常なまでの高温の影響により、産地にも変化が起きています。20年前には寒すぎてコシヒカリを作れなかった地域が温暖化による気温上昇によって作れるようになったり、元々寒いことが原因で食味が良くなかった地域が改善されていたりするのです。

近年、お米のコンクールで金賞を受賞している地域は、群馬県北部や長野県、岐阜県など標高が高くて、綺麗で比較的冷たい水が豊富な地域が増えている傾向にあります。もちろん、ただ気候が変わっただけでは美味しいお米はできるものではなく、その地域の生産者の方々の努力が実を結んだというのが最もでしょう。

また、余談ですが、他県で生産されたコシヒカリの種子をもらって植えたところ、出来上がってきたコシヒカリの味は、いつも生産しているコシヒカリとは違うという報告も耳にしました。

地域で生産されるうちに性質が変わってきているのか、私にもわかりません。このメカニズムの解明については、これからの研究課題でもあります。

5 コシヒカリで作る究極の白飯

コシヒカリといえば、何と言っても「白飯」、すなわち白米で炊くご飯です。

白飯は日本食としてポピュラーで、その中でもコシヒカリは白飯にした時に美味しく食べられる品種だからこそ、ここまで有名になったと言えるでしょう。すなわち、「白飯といえばコシヒカリ」であり、「コシヒカリといえば白飯」なのです。

では、そんなコシヒカリで作る究極の白飯とはどういったものなのでしょうか。この「究極のコシヒカリ」を考えることは、美味しいご飯にとって大事な要素の理解にもつながります。

①田んぼの育成環境

現在の高温な気候を考えると、田んぼの標高は500メートル以上が理想です。さらには、柔らかくて甘い水が豊富に湧き出る広葉樹（特にブナ林）に囲まれた水源があること、朝日を浴びられる場所で日照時間がたっぷりあること、風が抜ける場所であること、周りで農薬が使われておらず虫や水生生物、微生物などの希少生物がたくさんいることなどを満たしているのが理想です。

②育て方

まず、無農薬栽培が最も理想です。農薬を使うことでお米の品質が良くなり、効率化を図れますが、効率を考えず究極的に味だけを追求するのであれば、自然な環境の中で元気なお米を育てたいところです。

もしくは、稲を健康的にする漢方薬やミネラル成分を使っても良いでしょう。こうした育て方をしないのであれば、稲を強く健康に保つには、土壌を活性化させ、微生物の力も借りなければいけないでしょう。

お米を育てるには、生産者の腕も必要です。過去のデータをしっかり持ち、毎日圃場に通って稲の生育を見守り、稲と会話ができるような人物でなければならないと私は思っています。

田んぼの管理で一番大変なのは雑草との戦いで、毎日見ていないとあっという間に雑草に占拠されてしまいます。また、水が枯れてはならないので、水の管理も非常に大事です。

③刈り取り時期

コシヒカリは、美味しい味になるための刈り取り時期が非常に限られています。例えば、ひとめぼれは10日間程なのに対し、コシヒカリは4日間程と言われます。その短期間に刈り取れることが味にも影響してきます。その間に立て続けに雨が降ると刈り入れができず、一生懸命に育てても品質は落ちてしまいます。

④乾燥方法

現在主流の機械乾燥は性能も上がり、効率的に美味しいお米に仕上げられるようになりました。ただ、効率を度外視して究極の味を求めるなら自然乾燥（天日干し）です。

天日干しの良さは、茎や葉に入っているうま味や甘味、栄養がお米に浸透していく点にあります。ただ、どうしても内側は乾きにくいため、外側と内側を時折入れ替えなければならず、乾いた時期を見極めるのにも手間がかかります。さらに、雨が降ったりすれば、お米の味にも影響が出るので、運の要素も大きくなります。

⑤精米

究極の精米は、お米に熱を加えずに糠を取ることです。

これには時間をかけてゆっくり石臼などで精米するのが良いのですが、糠切れが悪くなり臭いがしてあまり美味しくなりません。お米に熱が伝わらないような精米機があれば良いのですが、ベストな精米機は現在見当たりません。

また、精米時には石抜き機や選別機を通して、良質な白米のみになるように仕上げることも重要でしょう。

⑥炊飯

炊飯は、強い火力で大量に炊いた方がより一層美味しくなります。ここで究極とも言えるのが、籾殻かまど（糠釜）という昔の炊飯器です。

籾殻かまどは、お米の籾殻を燃料に使ってお米を炊くのですが、籾殻による火力は強いので、とても美味しいご飯が炊けます。籾殻かまどは地方によって形などが違い、災害時にも役立てられます。

炊飯する時のお水は、コシヒカリの場合、柔らかくて甘味のあるお水が適しています。それがお米の生産地の天然水だとなお良いでしょう。お米の馴染みも良くなり、とても美味しいコシヒカリのご飯が炊けます。

こうして最高の基準で仕上げたコシヒカリの白飯は、何にも負けない美味しい白飯になると思います。ただし、手間がかかりすぎて、ビジネスを考える上では理想とはいえないでしょう。

ビジネスを度外視した上で、一生に一度はこんなコシヒカリを食べたいところです。

ALL ABOUT THE RICE BUSINESS

6 コシヒカリの未来

今では、コシヒカリ系統以外のお米を探すのがとても難しくなっているほど、コシヒカリの影響が大きくなっています。

コシヒカリの美味しさを未来につなげようと、コシヒカリを親にした新しい品種が増えました。「ひとめぼれ」「あきたこまち」「ヒノヒカリ」などは代表的なコシヒカリの子供たちです。

さらに、コシヒカリの突然変異という形でもたくさんのお米が生まれています。岐阜県で発見された「いのちの壱」や、福島県で発見された「五百川」はコシヒカリの突然変異種です。コシヒカリを人為的に突然変異させて作られた品種には、「ミルキークイーン」や「夢ごこち」などがあります。

最近は新潟大学で開発されたコシヒカリ「新潟大学NU1号」が話題になっています。これは、従来のコシヒカリのうち、暑さに強い個体だけを選抜してかけ合わせ続けた後にできたコシヒカリで、20年以上もの歳月をかけて研究開発されました。夏場の高温に強く、見た目もキレイで、元々のコシヒカリと変わらない美味しさが感じられるとのことで、将来性を感じます。

さらに、コシヒカリの孫世代、ひ孫世代までを入れると、コシヒカリ系統のお米は数えきれないほど存在しています。

孫世代では富山県の「富富富」、新潟県の「こしいぶき」、青森県の「つがるロマン」、石川県の「能登ひかり」、山形県の「はえぬき」、千葉県の「ふさおとめ」、鳥取県の「星空舞」などがあります。

ひ孫世代で評判が良い品種としては、山形県で生まれた「つや姫」、秋田県で生まれた「サキホコレ」、佐賀県の「さがびより」、最近お米のコンクールで金賞を獲得している「ぴかまる」「ひめの凜」、新潟県で評価が高くなってきている「みずほの輝き」、そして北海道の「ななつぼし」や「きらら397」もコシヒカリのひ孫世代です。

これだけの品種を誕生させているコシヒカリは、種親としてのパフォーマンスも素晴らしいとしか言いようがありません。

さて、最近のコシヒカリは、夏の異常な高温によって白濁したり極端に食味が落ちたりしているのが問題視されています。

標高が高くて冷涼な地域では美味しいコシヒカリが生産されていますが、平野部でも美味しいコシヒカリが採れ続けるためには、研究開発が欠かせません。高温にも強い素敵な品種がもっと研究されると、コシヒカリの遺伝子はさらに優秀なものになっていくでしょう。

とっておきのコシヒカリ

数あるコシヒカリの中で、私のとっておきは山形県高畠町の「遠藤農園」と、福島県郡山市の「古川農園」のコシヒカリです。

遠藤農園のコシヒカリは弾力性があり、とても良い香りで強い甘味がありました。遠藤農園では、ミネラルいっぱいの肥料を使い、お米の食味を上げていました。

古川農園のコシヒカリは、柔らかくて粘りが強く、体に溶け込むような強い甘味がありました。古川農園では、肥料に漢方薬を混ぜて、病気に強くなるよう、稲自体を健康的にして育てていました。

今でもこの2つのコシヒカリを超えるコシヒカリにはめぐり合っていません。どちらもインターネットで購入できるので、気になる方はぜひ食べてみてください。

また、20年以上連続して審査員を務めている「米・食味分析鑑定コンクール国際大会」では、美味しいコシヒカリをたくさん審査させていただきました。その中で印象に残っているコシヒカリもいくつか紹介します。

コシヒカリの本場、新潟県南魚沼市の「笠原農園」は、土壌の微生物を多くして土の力を上げ、お米を美味しくしながら、農園独自の肥料を作りお米の食味を上げています。

新潟県津南町の「グリーンアース津南」は、名水百選にも選ばれているお水が湧き出る地域で独自栽培方法をとっており、美味しいコシヒカリを作っています。これらのコシヒカリは、米・食味分析鑑定コンクール国際大会で「ダイヤモンド褒章（金賞を5回受賞、若しくはは同等の成績）」を受賞しているコシヒカリで、甘味が強く、粘りもあって、とても美味しいです。

最近では、長野県北部や岐阜県飛騨高山地方、群馬県北部なども美味しいコシヒカリが生産されてきています。

美味しいお米と言われる産地は、水がキレイで美味しいことが第一条件です。

また、美味しい米を作ると言われる生産者は、こだわりが強く、自分独自の栽培技術を持っていることが多くあります。生産地としてあまり知られてない場所でも、ピンポイントの環境や、生産者の栽培方法によってお米の味はグッと良くなります。

美味しいコシヒカリを作る生産者を探し出すことは、米ビジネスを行う際にもとても重要と言えるでしょう。

第2章

「ゆめぴりか」に学ぶ品種の世界

Chapter 2 :

The world of rice varieties

ALL ABOUT THE RICE BUSINESS

1

なぜ「ゆめぴりか」は北海道産しかないのか

お米の品種は、2024年現在に品種登録されているものだけでも1000以上あり、品種登録されていないものや、かつて存在したものも含めると膨大な数におよびます。

第1章で扱った「コシヒカリ」も代表的な品種ですが、このほかにも「ひとめぼれ」「あきたこまち」「ヒノヒカリ」なども代表的です。

それらと同じように聞かれるようになった品種に、「ゆめぴりか」があります。

「ゆめぴりか」は近年有名になった品種の1つで、CMでもマツコ・デラックスさんが起用されるなど、印象に残るようなPRが行われてきました。

そんな「ゆめぴりか」は、北海道産しか存在しないのをご存じでしょうか。

それはなぜなのでしょうか。このあたりを紐解きながら、「お米の品種の世界」の扉を開いていきましょう。

まず、「ゆめぴりか」を理解するためには、北海道米の歴史を知らないといけません。

一昔前、北海道米は残念ながら美味しくないお米の代表でした。それを象徴するこんな話があります。

昔の米屋では、ネズミが侵入してお米が食べられることがよくありました。米屋でよく猫が飼われていたのは、ネズミを避けるためでもあります。

ただ、そのネズミたちですら手を付けないと言われていたのが、北海道産のお米でした。魚で言う〝猫またぎ〟ならぬ、〝ネズミまたぎ〟ですね。

北海道は、他の都府県より気温も低く、日照時間も短いという特徴があります。一方で、お米を実らせる稲は元々南の地域で作られていた作物で、寒さに弱いものがほとんどです。

そのため、北海道でお米を作ることは難しかったのです。ましてや食味の良いお米を作ることは、とても難しいことでした。

そんな北海道産のお米ですが、地球の温暖化によって気温も上がり、近年ではお米生産も良い方向に向いてきています。

さらには、研究者や生産者の努力で、ブランド米が徐々に誕生しはじめます。「ゆきひかり（1984年）」、「きらら397（1988年）」、「ほしのゆめ（1996年）」、「ななつぼし（2001年）」、「ふっくりんこ（2003年）」、「おぼろづき（2003年）」などがそうで、少しずつ食味が良くなっていきました。

そして迎えた2008年、いよいよ「ゆめぴりか」が誕生します。「ゆめぴりか」の食感は弾力性に富み、柔らかくて粘りが強く、濃い甘味の美味しいお米です。今までのお米にないくらいに強い弾力性だったので、良い意味で「ゴムみたいなお米」と思ってしまう程でした。

そんな「ゆめぴりか」も今では若い方を中心に、幅広い年代層に好まれています。北海道産のお米、特に「ゆめぴりか」のブランド戦略には、「新潟県産コシヒカリを超えるブランド力をつけ、食味もそれ以上を目指す」という方針があり、良質な種籾の選別から生育までを北海道で一貫して行なっています。

　そのため、北海道で栽培する分しか種籾が確保できず、他の都府県に種籾を譲れないことと、さらには、他の都府県の気象条件に合わないこともあって、北海道産に限定されています。

　こうした状況が「ゆめぴりか」の特別感を上げ、ブランド力の向上にもつながっていると私は考察しています。

「ゆめぴりか」の誕生以降、北海道では「ゆめぴりか」のお米コンクールを開催するなど、栽培技術の向上にも努力を惜しまず取り組んでいます。

　今後は「ゆめぴりか」のブランド力がさらに高まり、「日本一美味しいお米」と言われるに至ることを願っています。

ALL ABOUT THE RICE BUSINESS

2 これだけは押さえておきたい新品種

かつての日本人は、お米といえばもっぱら白飯で食べることが習慣化しており、「白飯だけで満足できること」が求められていました。しかし、近年では食材も豊富になり、食材を活かすようなお米も脚光を浴びるようになりました。

このようなニーズの変化もあり、これまで様々な特徴を持つお米の品種が開発されています。ここからは、近年人気も高く、ぜひとも押さえておきたい新品種をご紹介していきましょう。

①つや姫

山形県で誕生した「つや姫」は、白飯で食べていただきたいお米として真っ先に挙がるお米です。お米の粒がキレイで大きく、炊き上がりはその名の通りツヤツヤ。食感も良く、柔らかすぎず粘りすぎずで、現代人にマッチした仕上がりになっています。食べていて飽きず、誰もが美味しいと感じられるはずです。

さらに「つや姫」は、どんな食材にも合う万能タイプのお米になっています。コシヒカリと比べると粘り・柔らかさ・甘味が足りない感じもありますが、逆に様々な用途で使いやすいため普段遣い用として大変扱いやすく、家に常備したいお米です。

最近では山形ブランドのつや姫がメディアで多く取り上げられるので、「つや姫」といえば山形産と思っている方も多いかもしれませんが、今では東北から九州まで広い地域で作られています。

ではなぜ、「つや姫」は全国的に作られるようになったのでしょうか。その理由には、近年の温暖化が進む中で、夏の高温にも強い特徴を持っていることが挙げられます。「つや姫」は作物としての実力も素晴らしいものなのです。

②新之助

近年、新潟県が力を入れているブランド米が「新之助」です。コクと甘味とうま味があり、適度な粘りと粒に弾力があるのが特徴的なお米です。夏の暑さにも強く、粒の形の綺麗なお米です。

③福、笑い

福島県が開発した新品種で、これから福島県を代表するブランド米になると期待されるのが「福、笑い」です。大粒で強い甘味とうま味があり、食欲を誘う香りがあります。食感は柔らかく、粘りのあるお米です。

④サキホコレ

秋田県の新品種で、「あきたこまち」に代わるブランド米として注目されているのが「サキホコレ」です。夏の暑さに強くて現代の気候にもマッチしており、白くてツヤがあり、粒が大きくてふっくらした粒立ちをしています。弾力と粘りが心地良く、甘味の強いお米です。

⑤いちほまれ

「いちほまれ」は、福井県で開発されたこだわりの新品種です。粒が大きめで絹のような白さとツヤがあり、粒感と粘りのバランスが良く、やわらかい甘味が口の中に広がるお米です。

⑥星空舞

鳥取県の新品種として注目されているのが「星空舞」です。夏の暑さにも強く、炊き上がりが星のようにキラキラ光ります。粘りも強くて粒感もしっかりあり、食感のバランスがとても良いです。甘味やうま味も強く、冷めても美味しさが持続するお米です。

⑦ひめの凛

みかんのイメージが強い愛媛県でも美味しいお米の新品種が誕生しており、その代表格が「ひめの凛」です。夏の暑さに強く、収穫量の多いお米で、透明感とツヤのある大粒のご飯になります。華やかな香りとしっかりした噛みごたえがあり、柔らかな甘味が口の中に広がります。

⑧富富富

富山県が15年かけて育てた新品種で、「ふふふ」と読みます。夏の暑さと病気に強く、粒が揃っていて艶やかなお米です。炊いただけで、美味しそうな甘い香りが漂います。うま味も強く、粘りと柔らかさのバランスがとても良いお米です。

⑨なつほのか

主に九州方面の複数の県で作られている美味しい品種の1つに「なつほのか」があります。なつほのかは、長崎県や大分県、鹿児島県で生産されています。夏の暑さに強く、優しい香りがして、ツヤのある綺麗な炊き上がりになります。優しい甘味とバランスの取れた食感を兼ね備えた万能品種で、色々な料理を引き立たせます。

⑩きぬむすめ

関東以西で作られている美味しい品種の1つが「きぬむすめ」です。「キヌヒカリ」の娘で、夏の暑さにも強く、炊き上がりは白くて艶やかで、甘い香りが漂います。甘味も強く、心地よい柔らかさと粘りがあり、冷めても美味しいお米です。

⑪にこまる

「にこまる」は、九州農研センターで育成され、関東以西で作られている品種です。夏の暑さに強く、ツヤのある炊き上がりで粘りがあり、やさしい甘味とうま味が特徴的です。

様々な食材を活かす万能品種です。

⑫いのちの壱

お米のコンクールでも数々の金賞や大賞を受賞しているお米で、岐阜県下呂市の今井隆さんが発見して育成した品種です。「龍の瞳」というブランド名でも売られています。今井隆さんは、化学肥料を使わず、農薬も極力使わないお米にこだわっています。粒が大きいのが特徴で、柔らかくも弾力があり、粘りも強いです。甘い香りと甘味、うま味も強いとても美味しいお米です。一度、食べるとやみつきになる方も多いです。

ALL ABOUT THE RICE BUSINESS 3 押さえておきたい「もち米」と「酒米」

お米の品種は様々ですが、それらを整理するため「用途で分ける」という分類方法があります。この方法で大きく分けると、普段ご飯として食べている「うるち米」、お餅などにして食べる「もち米」、日本酒の原料となる「酒造好適米（酒米）」の3つにお米の品種は分けられます。

この中の「うるち米」は、ご飯として食べるものがほとんどです。ただ、中には加工されるものもあります。その代表的なものは、おやつによく食べる「せんべい」です。ちなみに、「せんべい」はうるち米で作られますが、「あられ」や「おかき」はもち米で作られます。

この節では「もち米」「酒造好適米（酒米）」について、品種を詳しく紹介します。

○もち米の品種１：こがねもち

新潟県などで多く生産されているもち米の品種が「こがねもち」です。粘り、コシ、風味が良く、舌触りも滑らかで、歯切れも良く美味しいお餅に仕上がります。さらに、煮崩れしにくく、甘味も強い特徴があります。餅にするほか、お赤飯、おこわ、おはぎなど幅広い用途にも向いています。宮城県でも「こがねもち」を作っていますが、品種登録は「みやこがねもち」という名前でされています。

○もち米の品種２：ヒメノモチ

「ヒメノモチ」は、東日本の一般的なもち米です。色が白くて、コシが強く、滑らかな食感のお餅に仕上がります。

○もち米の品種３：ヒヨクモチ

「ヒヨクモチ」は、西日本の一般的なもち米です。きめが細かく、粘りと甘味があるお餅に仕上がります。

○もち米の品種4：風の子もち

「風の子もち」は、北海道で一般的なもち米です。きめ細やかな舌触りで、粘りとコシが強いお餅に仕上がります。

○もち米の品種5：新大正糯（しんたいしょうもち）

富山県、石川県、福井県などで生産されているもち米に「新大正糯」という品種があります。色が白く、粘りに加えて絹のような滑らかさがあり、甘味の強いお餅に仕上がります。煮崩れしにくいためお雑煮などにも向いていますし、お赤飯やおこわ、和菓子にも合います。

○もち米の品種6：羽二重糯（はぶたえもち）

「羽二重糯」は、前述の「新大正糯」とともに美味しいお餅の代表とされ、手に入りにくいこともあって人気を二分しています。個別の品種としては滋賀県の「滋賀羽二重糯」と京都府の「新羽二重糯」があります。特に「滋賀羽二重糯」で作った餅の評価は最高級とされ、白さが引き立ち、柔らかい食感ときめ細やかな舌触りに加えて、強い甘味を備えた美味しいお餅に仕上がります。また、お雑煮などに使うと、お餅がとろけるぐらい柔らかくなります。

以上が主なもち米の品種です。スーパーや米穀店で、用途に合うもち米やお餅を探してみてください。

続いて酒造好適米（酒米）は、上質な日本酒を作ることに特化したお米です。酒米に求められる特徴は、大粒で割れにくく、タンパク質や脂質が少ないことや、吸水性が良くて溶けやすく、外側が硬くて内側柔らかいお米が好まれます。

そして、酒米として重要なのは、お米の中心部に心白（白く不透明な部分）があることです。デンプン質で占められる心白は、麹菌を染み込ませてお米を溶かすために必要となり、日本酒づくりに欠かせない部分です。

◯酒造好適米（酒米）の品種１：山田錦

全国での生産量1位の酒米が「山田錦」です。米粒が大きいので心白が大きく、さらに割れにくくて、酒米として申し分のない特徴を持っています。特に兵庫県で生産されるものが有名です。豊潤なお酒が多く、大吟醸や吟醸酒を造るのに適しています。

○酒造好適米（酒米）の品種２：五百万石

全国での生産量が2位で新潟県を中心に生産されている酒米が「五百万石」です。心白が大きいのが特徴ですが、少し割れやすいこともあり、お米をたくさん削って作られる大吟醸にはあまり向きません。フルーティでスッキリした飲みやすいお酒が多くなっています。

○酒造好適米（酒米）の品種３：美山錦

全国での生産量が3位で、東日本を中心に作られているのが「美山錦」です。香りが控えめで味のクセがないため、スッキリしたお酒に仕上がります。

○酒造好適米（酒米）の品種４：雄町

岡山県を中心に生産されている酒米が「雄町」です。大粒で心白が大きく、独特のうまみがあります。濃醇でしっかりとしたお酒になり、日本酒マニアの方にとても喜ばれる酒米です。ちなみに、雄町を品種改良して作った酒米に「渡船」という品種があります。この酒米はアメリカに渡り、カリフォルニア米の先祖になっているようです。

◯酒造好適米（酒米）の品種５：山酒４号

山形県村山農業高校で、山田錦と金紋錦(きんもんにしき)という酒米を交配育成した品種です。粒が大きく、心白発生率は少し高めで大きいと言われます。濃醇な酒質でとてもフルーティーなお酒が出来やすく、私が個人的にイチオシする酒米です。山形県河北町の農家で契約栽培されています。

◯酒造好適米（酒米）の品種６：蔵の華

生産地は宮城県で、根や茎が枯れる疫病のいもち病に強く、耐冷性もあります。ただし、心白の発生率は低めです。酒米はご飯として食べると高タンパクで美味しくないものがほとんどですが、タンパク質の含量が比較的少ない珍しい酒米のため、うるち米と変わらないほどの美味しいご飯にもなります。

酒米の種類を見ながら日本酒を飲むと、新たな美味しさが見つかったりします。日本酒を選ぶ際には、ぜひ酒米の種類にもご注目ください。

ALL ABOUT THE RICE BUSINESS

4

お米の品種改良はこうして行われる

時代のニーズに合ったお米づくりに欠かせないのが品種改良です。

品種改良は、人間にとって役立つ性質になるように品種を改良することです。形状、育成のしやすさ、病気に対する抵抗力、収穫量の多さなどの点で、より品質の優れた新品種を開発していきます。食味の向上はもちろんのこと、米農家にとっては生産性や商品の価値を高める意味合いもあります。

また、時代によって求められることも違ってきます。戦後はいかに多く収穫できるかという多収品種が求められ、社会が発展してくると食味の良さがより求められるようになりました。そして近年では、輸出や生産性の向上を考え、多収品種と食味の良さの両方が求められるよう変化してきています。

では、品種改良はどのようにして行われてきたのでしょうか。

これについて、明治時代の半ばまでは、稀に起きる突然変異で生まれたお米の中から、農家がその地域で生育するのに適したものを選抜する形で行われてきました。なお、突然変異種をどのようにして見つけて利用するのかというと、育てている稲の中に、例えば「背丈が高い」「寒い気候でも多く実をつけた」など、様子の違う稲が自然発生することがあり、それを種籾にして増やすことで利用できるようにしていきます。

この流れが大きく変わり始めたのは１８９３年のことです。国が農事試験場を東京に設置し、本格的なお米の品種改良が始まりました。

そして、研究を重ねた１９２１年、日本初の人工交配による新品種「陸羽１３２号」が誕生しました。「陸羽１３２号」は冷害に強い品種と味の良い品種とをかけ合わせてできた品種です。

なお、「陸羽１３２号」の孫にあたるのが「コシヒカリ」です。「コシヒカリ」は、人工交配でできた品種の中でも最高峰に美味しいお米と言えるでしょう。

お米の品種改良では、この人工交配が現在最も一般的です。

人工交配は、良い特徴をもった品種のめしべに、別の良い特徴をもった品種の花粉を付けて種をとり、両親の良い特徴を合わせ持ったものを見つけ出す方法です。ただ、いきなり求めている品種が生まれるわけではありません。一般的には、新しい品種を作るまでには試行錯誤を繰り返しながら、10年くらいの歳月がかかると言われます。

このほかの品種改良の方法としては、放射線の照射や薬品を使うなどして人為的に突然変異を起こさせる方法があります。また、近年では、突然変異を意図的に狙って起こすゲノム編集や、他の生物の優れた遺伝子を組み込む遺伝子組み換えも技術的には可能になっています。

今現在のお米は、食味の良さに加えて、稲に多収性や耐病性を付与し、生産コストの低減を図れる品種の育成が重要になっています。

外食や中食（持ち帰りの惣菜や弁当）が増えた現代では、外食産業や弁当販売店などから、「美味しくて、安くて、生産が安定したお米」が求められます。そのニーズに応えるため、苗で植えるのではなく、より手間のかからない「田んぼにお米を直接撒いても発芽しやすい品種」も開発されています。

また、地球温暖化で高温障害が発生し、お米が白く濁ったり、食味品質が落ちることに対応したお米の改良も進んでいます。そのため、最近の新品種では、高温に強い品種が多くなりました。反面、冷害になることも想定し、「高温にも低温にも対応できる品種」も研究されているそうです。

品種改良で新しい品種になる確率は10万分の１とも言われ、10年以上の歳月がかかるのが一般的でした。しかし、これからは最新の技術も活用しながら、研究時間が短縮されてくることでしょう。

5

カレーに向いている品種「華麗米」

突然ですが、カレーライスにはどんなお米が合うと思いますか。

この問いに関して、例えば白飯で美味しいとされる「コシヒカリ」や「ミルキークイーン」は、粘りが強くて柔らかいので、カレーのルーが馴染まず、カレーライス本来の美味しさが味わえなくなります。

逆に「ササニシキ」や「はえぬき」のように粘り気が少なくて粒がしっかりしているお米は、ルーがお米の隙間に入り込んで馴染みやすいので、カレーライスの味が一層美味しく感じられることでしょう。

このように、お米はその用途によって求められる性質が変わってきます。そのため、食が多様化している現代では、様々な用途に合わせた品種も開発されています。

そのことがわかりやすい品種に「華麗米」があります。

「華麗米」は、印度型品種「密陽23号」と日本型品種「アキヒカリ」の交配によって育成された品種で、その名の通りカレーライスに合うお米の品種です。

見た目は、インディカ米（いわゆるタイ米）のように細長く、表面の粘りが少なくなっています。ただ、日本人が求める柔らかさを残している点がインディカ米とは違い、日本式のカレールーに馴染むように作られた新感覚のお米と言えるでしょう。


同じように、リゾット専用の「和みリゾット」という品種も開発されています。

イタリアの米料理として代表的なリゾットには、大粒で煮崩れしないお米が適しています。これには、イタリア原産の大粒種である「CARNAROLI」が最適であるとされますが、収量性も低く高価なお米で、手に入り難いのがネックとなっていました。

そこで、「CARNAROLI」に「北陸２０４号」をかけ合わせ、収量性を上げるとともに育てやすくしたのが「和みリゾット」で、食味も「CARNAROLI」に近いとされています。

大粒で歯ごたえがあり、粘りがなくてベタつかず、煮崩れしにくいなど、リゾットを調理する上でのメリットが大きく、イタリア料理店でも使える品種です。

お米を使った料理として、今や世界にも広がっているのが日本のお寿司です。ただ、様々な日本のお米の中でも「お寿司専用米」というものは、実は今までありませんでした。これまでは通常、白飯としても使われる「ササニシキ」や「ハツシモ」をはじめ、「コシヒカリ」「はえぬき」などを寿司米として調理していたに過ぎませんでした。

寿司米として必要な要素は、やや硬く、ほぐれやすく、あっさりした食感です。従来は、お米屋さんが独自のブレンドをし、理想的な寿司米に仕上げていました。

この状況を変えたのが、2011年に誕生した「笑みの絆」です。

「笑みの絆」を寿司飯にした場合、やや硬くてほぐれやすく、粘りも少なくて口当たりもなめらか、さらにお酢の吸収も良く、あっさりとした食感になります。寿司米としての食味評価は、これまで高いと言われていた「ササニシキ」「ハツシモ」よりもさらに優れています。夏の高温にも強く、高温下でも玄米の白濁が少なく仕上がり、外観もキレイなお米です。


このように、用途別に特化した品種も数多く出てきています。

ぜひ、用途に応じて品種を選んでいただくと、より美味しい料理が作れ、調理も楽しくなることでしょう。

ALL ABOUT THE RICE BUSINESS

6 機能性のある品種

近年、「太りにくい」「イライラの改善に効果がある」といった、食品の持つ様々な機能性が注目を集めています。

その中でも、お米は日本人にとって毎日食べるものと言っても過言ではなく、「お米を食べて病気が治ればいいのに」と思われる方もいらっしゃるのではないでしょうか。実際、そんな魔法のようなお米も近年生産され始めています。

現実には、治療はできませんが、医師や薬剤師、管理栄養士の下で経過観察をしながら、腎臓病の急激な悪化を回避できるとされるお米があります。それは、「ＬＧＣソフト」「ＬＧＣ潤」「ゆめかなえ」など、低グルテリン米と呼ばれるお米です。

これらのお米は、消化されるタンパク質が少ないので、腎臓への負担を和らげてくれます。こうした効果から、クレアチニンなど腎臓系の数値が芳しくない方がタンパク質食事療法治療中でも食べられるお米として注目されています。

また、「LGC潤」には、アレルギー物質が含まれていないと言われており、お米アレルギーの方でも食べられると言われています。ただし、これらの低グルテリン米も農作物であることは変わりないので、年によってタンパク質の量が変化します。そのため、実際に利用する場合には、成分表の添付など、安心できるところから入手すべきでしょう。

また、血圧の高い方や外的ストレスの多い方、関節リウマチや糖尿病による炎症がある方には、「γ-アミノ酪酸（GABA）」が多く含まれている巨大胚米の機能性が有効に作用するかもしれません。

この巨大胚米には、「金のいぶき」「はいごころ」「あゆのひかり」「きんのめぐみ」といった品種があります。また、もち米の品種でも「めばえもち」などは巨大胚米です。「はいごころ」は、米粉パンにも使える特性があります。「きんのめぐみ」は、玄米の糠を取り除いて栄養の高い胚芽を残した、いわゆる胚芽米にとても合う品種で、胚芽が精米時に落ちにくいという特徴もあります。

また、私が20年前から気になっている品種に「フラワーホープ」があります。「フラワーホープ」は、アレルギー対策や花粉症対策に期待されているお米です。もう20年以上研究されていますが、なかなか栽培現場には出てこないので、早く実用化に至ってほしいものです。

このほかにも、機能性が期待されるお米には、いわゆる「古代米」があります。古代米には、抗酸化作用が強く、活性酸素などの有害物質を無害な物質に変える機能があるものや、動脈硬化など生活習慣病の予防に役立つとされるポリフェノールが含まれる有色素米があります。

うるち米の赤米と黒米、もち米の赤米と黒米などがそうですが、お赤飯や雑穀米の中に入れられたり、お酒などに加工されたりして一時期人気でした。また、コシヒカリの遺伝子も継いだ「赤むすび」や「黒むすび」は、味がコシヒカリと同等とされ、とても美味しいです。

このように、お米の新品種は、機能性に注目したものにまで広がっています。これからは、こういったお米もさらに出てくるようになってくるでしょう。

コンクールで金賞続出の注目品種「ゆうだい21」

近年登場してきたお米の新品種の中でも、私が最も注目しているのが「ゆうだい21」です。

2023年の米・食味分析鑑定コンクール国際大会で国際総合部門の最終審査に42検体が選ばれたのですが、そのうちの約半分にもおよぶ20検体がなんと「ゆうだい21」だったのです。さらに、金賞を受賞した18検体のうち、10検体が「ゆうだい21」という結果になりました。

今までであれば、例年、国際総合部門の最終審査では、70%以上がコシヒカリでした。2023年は夏の高温と水不足で全体的に品質の低下が見られましたが、その中で「ゆうだい21」は夏の高温にも強く、品質の低下がほとんど見られませんでした。

では、「ゆうだい21」とはどんなお米なのでしょうか。

「ゆうだい21」は、宇都宮大学農学部附属農場で1990年、同大学の前田忠信名誉教授（当時農学部教授）によって偶然発見されました。その稲穂は、明らかに他とは異なる形状をしており、稲穂の株が大きく、雄大な立ち姿をしていたそうです。

その種を採取して良質なものを選抜育成し、２０００年に納得のいく株を発見。翌年から増殖をはじめ、２００７年に国に新品種登録を申請し、２０１０年に「ゆうだい21」として品種登録されました。

ゆうだい21の名前の由来には、発見された際にその稲穂の立ち姿が雄大で美しかったこと、宇都宮大学が「宇大（うだい）」という略称で親しまれていたこと、そして21世紀の未来を作る新しいお米の品種になることを願う意味が込められています。

ゆうだい21の作物としての特徴には、コシヒカリよりも病気にやや強く、収穫期に幅があり、刈り遅れによる品質の低下が少ない点があります。また、夏の高温にも強く、見た目の品質が低下しにくいなど、コシヒカリと比較した際に栽培環境に左右されにくいようです。

コンクールでも金賞を続出させるくらいですから、食味もとても良く、私はコシヒカリを超える美味しさを感じています。

炊き上がりには甘い香りがして、見た目もピカピカでとてもキレイ。甘味、うま味も強く、食感にも粘りが強くあってモチモチした食感をしています。それでいて、喉越しも良く、冷めても味が変わらず、とても優れたご飯に仕上がります。

ご縁をいただき、宇都宮大学主催の「ゆうだい21サミット2022」に参加させていただいた際には、ゆうだい21のゲノム解析結果を聞くことができました。

ゲノム解析は、かずさDNA研究所によるもので、コシヒカリ90%×外国稲10%という結果でした。コシヒカリの遺伝背景を持ち、染色体の少なくとも6ヶ所は外国稲のゲノム断片が入り込んでいるらしいのです。

これにはビックリしました。なぜなら、稲は花が咲く時間も短く、自分自身で受粉するため、他の花粉が入ってくることが99・99%以上ないからです。

改めて、「ゆうだい21」は奇跡的に生まれたお米としか考えようがありません。

これからも、「ゆうだい21」のような奇跡のお米が出てきてほしいものです。

第3章

有機農法に学ぶ稲作の世界

Chapter 3 :

The world of rice cultivation

ALL ABOUT THE RICE BUSINESS

1

農薬を使わないお米は美味しいのか

日本人にとって最も身近な食材とも言えるお米。そのお米は、稲作によって作られます。しかし、私たちは稲作のことをどの程度知っているのでしょうか。この章では、お米づくりに欠かせない稲作の世界について、解説をしていきます。

さて、お米を選ぶ際、こだわりの強い方は品種だけでなく、育て方にも着目します。例えば、有機農法や無農薬といった情報です。それらのお米は、なんとなく安心できる気がしますが、実際の味や品質はどうなのでしょうか。

そもそも農薬を使う理由は、主に農作物を病気や害虫、雑草などから守るためです。農薬を使わない栽培は機械化できない部分も多く、手間暇がかかってしまいます。

農薬や肥料を一切使わない農法として、「自然栽培」があります。

自然栽培では、あぜ道の草や田んぼに生える雑草などを土にすり込んだり、田んぼに生息する微生物などを使って土を活性化させ、それを肥料の代わりにしてお米を育てたりします。その土地の自然由来のものしか使わないので、消費者にとっては安心かもしれませんが、農家にとっては手間がとてもかかる農法です。

この自然栽培によって育てられたお米の味は、甘味やうま味も濁りがなく、スッキリとする傾向があります。もちろん、品種によっても傾向が異なりますが、その品種本来の味が出るような気がしています。

農薬や化学肥料を使わない農法には、自然栽培とはまた違ったものもあります。例えば、「肥料に自然由来のものだけを使う」といったものです。農薬を使わない栽培方法でも、合鴨農法や機械による除草などがあります。

逆に作り手として、農薬や肥料を用いる際に気をつけたいことがあります。それは、お米に農薬の成分が、安全性に問題がない程度でも、微かに残ることがある点です。

ここからは、私がお米のコンクールで試食をしていた際に実際にあった話です。

お米の食味を鑑定する際に用いられる「食味計」という機械があります。コンクールでは、試食できないくらい膨大な検体数が持ち込まれるので、最初はこの食味計で食味値を測り、高かったものを選んで試食をするという流れが一般的です。食味計に掛けたお米は、高得点が出るほど食味が良いとされます。

しかし、食味計で高得点を示していたお米であっても、試食をした際に口の中に違和感が残り、食味が良いとは言えない場合があります。

これは農薬や肥料が抜け切らないで、お米の中に残っている場合に起きやすく、ほとんどの場合は肥料過多によるものです。これは肥料の与えすぎや、農薬によって雑草を除去しすぎて田んぼの養分が抜けきらないために起こってしまうのです。

伝染病対策や害虫対策のために、最低限の農薬を使わなければお米の収穫が難しくなるので、農薬を全否定するわけではありません。しかし、安全であっても口の中に違和感が残るものは作ってほしくないなと、いち消費者として思っています。

ALL ABOUT THE RICE BUSINESS

2

バケツでできるお米の作り方

お米を実らせる稲は、当然ですが田んぼで作られています。しかし、都市部に住んでいると、お米がどのように作られているのかがわからない子どもたちも多くなっているようです。

これに対し、お米がいかに作られるかを簡単に体験できる方法があります。それは、バケツなどを使って稲を育てる方法です。小学校時代、夏休みの宿題で朝顔の栽培観察をやった人も多いと思いますが、バケツでのお米づくりも実用的でとても面白いです。

ここからは、バケツでできるお米づくりの方法を紹介しながら、稲がどのように育つのかを解説していきましょう。

①容器を用意する

まず、バケツのように15Lぐらいの深さのある容器を用意します。根は成長して下へ伸びていくので、底が深い方が根を発達させて元気な稲に育ちます。

②土を用意する

黒土6割と赤玉土(あかだまつち)3割、鹿沼土(かぬまつち)1割の割合で、バケツの7割ぐらい程度まで土を入れます。この時に窒素、リン酸、カリウム、マグネシウム、カルシウムなどの栄養素が入った肥料を加え、水を適度に入れて混ぜ合わせ、土を平らにします。実際の稲作では、これに当たる作業を「代掻き(しろかき)」と言います。

代掻きが終わったら、土の表面から大体5cmくらいに浸るまで水を張っておきます。

③種籾を発芽させる

続いて、種籾を発芽させます。種籾自体は通販でも購入できます。

バケツ稲の場合、15粒ほどの用意が必要です。種籾の芽出しをするために、浅いお皿を用意しておきましょう。種籾を水に浸し、室内の暖かい場所に置き、毎日水を取り替えます。すると、気温などにもよりますが、1週間から10日ぐらいで芽が出てきます。

④種まき

芽が出たところで種まきをします。種籾2粒ずつを土の表面から6ｍｍぐらいのところに指などで押し込みます。なお、種籾を植えるのは、5月半ばぐらいが良いでしょう。

⑤根を植え替える

葉が出てきて、5ｃｍぐらい伸び、4枚ぐらいに増えたら、一旦根から優しく取り出して植え替えをしましょう。茎が太くて丈夫そうなものを4本ぐらいにまとめて、バケツの真ん中の3ｃｍぐらいの深さに植えます。

その後は、1週間から10日ぐらいの間、水を1ｃｍぐらいの深さで保ちます。成長してきたら少しずつ水を多くしていきます。このとき、最大水深は5ｃｍ程度までです。

⑥中干しをする

時間が経ち、気温が30度ぐらいになったら、3日ほど水を全部抜きます。稲作ではこれを「中干し」と言います。

土にヒビができたら中干し終了。その後は、お水を3ｃｍぐらいの高さまで入れ、水が少なくなるたびに足してください。

この頃になると、稲の赤ちゃんが茎の中にできてきます。この頃は、水が特に重要なので、水の量をこまめにチェックして、土を乾かさないようにしてください。また、この頃は稲が病気にもなりやすい時期なのでよく観察してください。

⑦稲刈り

稲の花が咲いてから10日間ぐらいで、お米が発育・肥大する登熟(とうじゅく)期に入ります。そして、穂が出てから35日から40日ぐらいで穂の色が黄金色になってきます。こうなってくるといよいよ稲刈りです。

稲刈りをする前には、籾の水分を少なくするため、10日ほど前から水を抜いておきます。これを稲作では、「落水(らくすい)」と呼びます。落水が終わったら、土から5cmほど上の位置を、文具用のハサミなどで切り取りましょう。ここまででお米の収穫が完了です。

⑧穂を干す

収穫が終わったら穂を下にして、物干し竿などに掛け、10日間ほど干します。この後は、脱穀、籾摺(もみす)り、精米といった工程に進みますが、今回は割愛します。

このようなステップを経るのが、バケツでできるお米づくりです。簡単と言いつつも、お米づくりの楽しさと大変さが理解できると思います。

ちなみに、ＪＡグループではバケツ稲セットを無償で配布してくれます（送料別）。詳しくは、ＪＡグループのサイトをご確認ください。

ALL ABOUT THE RICE BUSINESS

3 米農家の1年の過ごし方

米農家の1年の過ごし方は、専業農家と兼業農家の違いや地域によっても違います。今回は、典型的な東日本の専業農家の場合を主として見ていきましょう。

◯1月頃

新しい年が始まる1月。1年の最初は種まきまでの準備期間です。雪の積もらない場所で田んぼの土づくりや堆肥づくりを行うなど、持っている田んぼの管理を行います。また、何の品種をいつ頃、どこの田んぼに植えるのかと栽培計画を立てたりします。

◯3月頃

3月中旬頃になると、種籾を消毒します。最近は、薬剤を使わず環境にもやさしい温湯消毒が多くなっています。種籾の消毒は稲の発育にとって重要な工程で、これを行うことで害虫や稲の病害を予防し、発芽率を向上させることができます。

消毒が終わると、種籾を眠りから覚ますために袋へ入れ、10度～13度くらいの水に1週間くらいつけておきます。この時たくさんの品種を作っている農家の場合は、袋によって品種がわかるように管理します。

種籾が起き始めたら、水を切り、自然乾燥させます。その後、苗にするために土と水の入った育苗箱に種籾をきれいに撒いていきます。撒き終わった育苗箱はビニールハウスに並べられ、30度くらいの温度を保ち、2日くらい保温させて発芽させます。

発芽させてから4日目ぐらいには、弱い光を当てていきます。種まきから10日ぐらいして苗が8cmほどになったら、苗は鮮やかな緑色になってきます。この頃から天候に注意しながら、外気に当てるなどして強い苗に育てます。

昔から「苗半作」と言われるように、米づくりの半分は苗の出来によって決まるとされます。良い苗を育てることは、米づくりが半分成功したようなものです。

◯3～5月頃

3月～4月頃の種まきから田植えまでの間には、田んぼを整えます。川の水や農業用水から田んぼに必要な養分を補充したり、深く水を張って雑草などの発生を抑えたり、土の状態を均等するためにトラクターなどで土を掻き混ぜる代掻きをしたり、畦を整えたりします。

○5月～6月頃

苗が12cmくらいになったら、いよいよ田植えです。田植えは5月頃から6月頃にかけて行われ、現在では田植え機で行われるのが一般的です。田植え機には、肥料などを一緒に撒ける装置や、自動で操縦できるものもあります。最近では技術の進歩が目覚ましく、手植えはイベントなどで見かける以外は見かけなくなりました。

田植えが終わると、農家の作業も一段落です。最近の農家は、お米を直接販売している方も多く、田植えが終わるとお米の卸会社や小売店、飲食店など、得意先回りをしている方も多くなっています。

その合間でも、田んぼの水の管理や稲の育成管理をしながら、雑草取りや稲の害虫などがいないかの確認など、田んぼの状態を常に気をつけて見守っています。

○7月頃

そして、田植えから30～40日ぐらい経った時に田んぼの水を一旦抜き、田んぼを乾かす「中干し」という作業をします。土がひび割れるまで乾かし、この時に稲の根や葉っぱの状態を見たりします。

中干しが終わるとまた水を入れます。田植えから早稲（わせ）で50日、晩稲（おくて）で80日ぐらいで稲は花が咲く出穂をして受粉をします。

○８月頃

受粉をすると、稲は登熟を始めます。登熟とは、穀物の種子が発育・肥大することです。この時期の稲は、昼間に太陽を浴びて光合成が盛んになります。気温は適度に高いと良いですが、最近の日中の気温と日差しの強さは強烈すぎます。そうなるとお米の品質は逆に悪くなります。

だいたい8月くらいに迎える登熟期は、農家が田んぼの水管理や稲の状態観察に1番気を遣う時期です。また、登熟が進んできた頃には、台風や気象の変化が激しくなることも多く、天候の観察とその対策にも気を遣います。稲の実がなってくると、スズメなどの害獣にも気をつけなければなりません。

◯9月～10月頃

出穂してから40日ぐらいで稲刈りが始まります。お米を早く収穫する九州の鹿児島県や宮崎県あたりでは、7月中旬頃から稲刈りが始まりますが、関東以北では、早いところで9月ぐらいになってからが稲刈りのシーズンです。

最近は、刈り取り・脱穀・選別の機能を1台で完備したコンバインで一気に刈っていきます。手刈りはほとんど見かけなくなりました。コンバインで刈り取られた稲は、籾殻の状態にしてトラックなどに積まれます。トラックに積み込んだ籾殻は、自宅の貯蔵タンクなどに運ばれ、管理されます。

昔に比べて今では随分と機械化もされましたが、田植えと稲刈りは決まった期間に一気に進めないといけないこともあり、人手が必要となる時期です。

◯11月頃

11月中旬くらいにはほぼ稲刈りも終わります。稲刈りが終わると、コンバインなどの機械のメンテナンスをし、来年に備えます。

収穫した籾殻は、玄米の状態にし、検査をして保管したり、農協に出荷したりします。ある程度の出荷が終わると一段落です。この作業が終わったら、1年が終わり、次の年のお正月を迎えます。

ALL ABOUT THE RICE BUSINESS

4 お米づくりに大切な3つの要素

お米づくりに大切な要素を「種籾」「環境」「作り手」の3つの視点でまとめ、解説していきます。

① 種籾

種籾はお米の元となるので、お米づくりには絶対に必要になってきます。

また、お米づくりは「どのような種籾をどう手に入れるか」から始まると言っても過言ではありません。

どんな種籾を使うのかを決めるには、どういった目的でお米を作るのかが重要になります。自家消費であれば好きな品種を選べば良いですが、販売目的となれば高く売れるお米の方が良いでしょう。販売目的でも売り先のニーズによって求められることが異なります。

品種の違いについては第2章で述べたので、ここでは「種籾をいかにして手に入れるか」について述べていきます。

作りたい品種が決まったとしても、その品種の種籾が手に入るとは限りません。

例えば、「ゆめぴりか」や「つや姫」を作りたいと思っても、その種籾は公的な機関によって厳重に管理されており、条件を満たした農家でないと生産ができないのです。

「コシヒカリ」の場合は、種籾自体を手に入れることはできますが、北海道、東京、沖縄では「コシヒカリ」の銘柄で販売することはできません。お米の銘柄を謳って販売できる品種は、都道府県によっても違ってきます。

このように、生産する都道府県によっても作れる品種が決められているのが、お米という作物です。どんなお米を作りたいかを検討するとともに、これらの規則についても知っておくのがお米づくりには欠かせないのです。

②　環境

続いて大事なのは「環境」で、細かく言うならば、水、土、気候が挙げられます。

まず、お米を作る場所は「水田」と言われるくらいなので、「水」はとても重要です。

水が水路からちゃんと流れてくるのか、水路はいつの時期に使えるのか、どういう性質のお水なのかなどの確認はお米づくりにとって生命線です。

私が田んぼを見る際には、必ず水源地を聞くようにしています。わからない場合は、水路を辿って水源を探しに行くこともあるくらいです。

なかなか平野部の水源地を特定するのは難しいですが、中山間地は比較的探しやすいです。水源地の環境を見れば、その水の良し悪しが大体わかります。

良い水源のポイントは、量が豊富で、適度に冷たく、キレイであること。さらには、回りに広葉樹などが多く、ミネラル分を適度に含んでいるかどうかもポイントです。

平野部では特に「農業用水が生活用水ときちんと分離されているか」を確認します。生活用水が入るような田んぼでは、不純物が入ったり、意図せずに栄養多寡になったりと、あまり美味しいお米は期待できません。

次に重要となるのが、「土の質」です。

砂の成分が多いのか、粘土質なのかといった点の確認はお米づくりに欠かせません。砂の成分が多いと水はけが良いものの、肥料をたくさん使う必要性が出てきますし、田んぼの水を溜められない場合があります。

粘土質は水が溜まりやすく、肥料も残りやすいので、稲作にあまり費用がかからない可能性が高いでしょう。さらに、土に含まれるミネラルの成分なども重要です。

「気候」も重要な要素です。

お米が身をつける登熟期になると、朝晩に気温が下がり昼間は暑いという寒暖差のある気候の方が、お米が美味しくなります。

また、気温と日照にも気を遣う必要があります。最近は、夏の異常高温や水不足によってお米が白く白濁したり、背中や腹が白くなるなど品質が悪くなることも多くなっています。夏場に暑くなりやすい場合は、田んぼを冷やすための水を十分に確保できるのかについて、特に確認しておく必要もあります。

③ 作り手

最後に大事な要素は「作り手」です。同じ品種で似たような土地だったとしても、作り手の考え方や技術、設備、その年の育て方でお米の味は驚くほどに変わってきます。

名人と呼ばれるような農家の場合、日々の研究を欠かさず、お米づくりの経験も豊富で、その年の天候を読んでお米づくりを行います。そのため、例えば猛暑日が続き、周りでは高温障害が出てお米が白濁したとしても、名人のお米は白濁せずに透明感のある綺麗なお米に仕上がる、といったことが起こるのです。

また、近年では稲作の大型化やテクノロジーも進みました。そのため、作り手の資金力があって、最新の機器を入れられるようだと、品質の高いお米を作ることにもつながりやすくなります。

ただし、色々な設備が整っても、すぐには美味しいお米はできません。日々、お米の生育を見て、何が足りないのか、何が多いのか、毎日田んぼを見る観察力と違いを見分ける注意力なども必要です。それらを養い、経験を積む中でデータも取り、新しい農法にもチャレンジしていく。こうした試行錯誤によって、美味しいお米が作れるようになります。

作り手としては、日々研究と実践を繰り返すことが大切なことです。米農家は毎年、毎日が真剣勝負なのです。作り手の良し悪しは、お米という結果に最も現れてくると言っても過言ではないでしょう。

ALL ABOUT THE RICE BUSINESS

5 稲作のテクノロジー

最近の稲作は、生産者の高齢化や人手不足、耕作放棄といった問題が増えてきています。こういった問題は、ひいてはお米の生産減少にもつながってきます。

これらの問題を解決するため、機械化やＩＣＴ（情報通信）技術を使った新しい米づくりが各方面で行われるようになりました。このような取り組みを「スマート農業」と言います。

機械化を図れば生産コストの削減や少人力化ができ、ＩＣＴ技術を取り入れれば、田んぼの管理が円滑化し、収穫や田植えなど多方面で効率化が期待できます。

ただ、スマート農業を推進するには、田んぼの整備など、必要な基盤を作ることが大切です。また、ＩＣＴ化にも莫大な費用がかかります。

今では、田んぼを耕して整える代掻(しろか)きや田植えの作業なども、ＧＰＳと農業機械を連動させることで自動化できるようになっています。以前は２人以上で操作していた田んぼを耕すためのトラクターといった農業機械も、無人での操作が可能となっています（ただし、安全のために１人が操縦室に乗って走行確認をすることもあります）。

また、肥料や農薬もドローンなどを使い、自動で撒くことができるようになりました。農業用のドローンは、田んぼの状態を撮影できるので、大規模な田んぼや山奥にある田んぼの見回りの省力化にも一役買っています。

田んぼの管理でいえば、水温や水量を自動で検出して、田んぼが適正な温度を保てるように調整したり、人工衛星で稲の状態を観察し、刈り取り時期や肥料の散布などの適正時期を割り出したりできるようになっています。これらの稲作に必要なデータは、パソコンやスマートフォンで簡単に見ることもできます。

さらに、種籾の発芽を促進させる技術や、より多く収穫できる品種への改良といったバイオテクノロジー技術の発展にも目覚ましいものがあります。

栽培技術そのものでは、種籾が浮かないように鉄でコーティング処理をし、ドローンを使って種のまま田んぼに撒くという「鉄コーティング直播（ちょくはん）栽培」といった技術も開発されています。こうすることで、重たい苗を運ぶ必要もなくなり、田植えの労力を最小限に抑えることができます。

これらの技術には、自動運転トラクターのように導入が進んでいるものもありますし、ＩＣＴ技術のように費用がかかるなどの理由で導入が進んでいないものもあります。

ただ、流れとしては、これらの技術が次々と導入され、安全で美味しいお米がより効率的に収穫できるようになっていくでしょう。

将来的には、田んぼが１つの工場のようになり、最小限の人数で管理できる日がやってくるかもしれません。

ALL ABOUT THE RICE BUSINESS

6 農家経営の未来

農家には、大きく分けて農業を専業としている専業農家と、他の仕事をしながら農業をしている兼業農家の2種類があります。

兼業農家は、世帯員の中に兼業従事者が1人以上いる農家です。さらに、農業所得の方が農業外所得より多い兼業農家を「第1種兼業農家」、農業外所得の方が農業所得よりも多い兼業農家を「第2種兼業農家」と呼びます。

一方、専業農家は世帯の中に兼業従事者が1人もいない農家のことをいいます。

割合では、農家数の約4分の3が兼業農家で、お米の専業農家は少数派です。では、お米の専業農家は経営が難しいのでしょうか。

実際、お米の価格は依然として安い中、稲作だけで収入を上げるのはなかなか難しいところです。２０２０年の統計資料ですが、稲作を行っている農家1軒あたりの平均作付面積は約１・７ｈａで、粗収益は約２８０万円、所得は約13万円となっています。

この中では、「稲作を主として」経営している農家についてもまとめられており、農家1軒あたりの平均作付面積は約１・７ｈａで、粗収益は約２３０万円、所得は約１・３万円となっていました。

これを見る限り、所得がないに等しいので、生活できる水準ではないように見えます。

さらに、稲作に加えて、野菜などの複合経営であると、1軒あたりの平均作付け面積は約２・１ｈａで、粗収益は約４８０万円、所得は約60万円となっています。少しは良くなりますが、それでも普通の生活を送るには厳しいところです。

しかし、経営規模が大きくなり、20ｈａ以上の耕作面積を持つ農家の場合、1軒あたりの粗利益は約４８５０万円、平均所得は約１２４８万円にもなります。経営規模が大きくなると経営効率も上がり、収入もビックリするほど上がっていることが見て取れます。

また、農業経営者の平均年齢の全体は約70歳と高齢化が進んでいますが、20ｈａ以上の耕作面積を持つ農家は約59歳となっています。

こうしたデータを見てみても、これからは大規模な米生産農家が増え、1軒あたりの所得も増えてくると予測されます。

もう1つ次のようなデータがあります。

米生産農家の総数は2000年には約175万軒でしたが、2020年には約70万軒にまで大幅減少しています。一方で、耕作面積は、2000年は約145万haだったのに対して、2020年は約130万haとなっており、減少幅が少ないことから、1軒あたりの耕作面積は増えてきていることがわかります。

このため、経営方針をしっかり立てて効率化すれば、米農家の所得も少しずつ増えてくるものと思われます。

また、経営規模が大きくなると機械化や田んぼの集約化などで仕事効率が良くなり、労働時間も短くなる傾向があるようです。

凄腕農家は周りの農家からの信頼も厚く、田んぼを集めて経営規模を大きくしていくことができます。そして、米農家を企業化してより効率的な経営をしていくようになるでしょう。

田んぼのオーナーになろう

田んぼのオーナー制度というものをご存じでしょうか。

田んぼオーナーになると、田植えや稲刈り、雑草取りなどの農業体験をしながら、農家とも交流を深め、米づくりや自然の大切さを学ぶことができます。

もちろん、オーナーになった区画によって一定の代金を支払わなければなりません。代金は田んぼの地代や苗の代金、肥料代、用水使用代など、諸経費として使われ、田植えや稲刈りの準備などにも回ります。

そして、その区画で収穫されたお米の一部を受け取ることができます。不作になった場合でも、割り当てるお米の最低保証をつけているところもあります。

田んぼオーナー制度は、最近では全国的に行われており、農業体験型のほか、田んぼ周辺の環境保全の一環として行われているものもあります。

また、田植えや稲刈りの体験をメインに、年間2～3回農家に訪問してイベントとして行う気軽な田んぼオーナー制度もあります。その場合、田んぼの水管理や除草など、日々の田んぼ管理は農家さんが行ってくれます。

最近では、会社や団体でも田んぼオーナーになるケースが増えています。田植えや稲刈りを会社のイベントとし、収穫したお米をオリジナル米として社員の家族やお客様にプレゼントとして利用するなど、田んぼオーナー制度のあり方が変化してきています。

ただ、元々田んぼのオーナー制度の一番の目的は、あくまでも田んぼ周辺の環境保全にあったことを忘れてはなりません。田んぼには、洪水を防ぐためのダムのような効果があったり、様々な生物の棲家になることで生物の多様性を保ったり、環境保全のための様々役割があります。この点は、田んぼの存在意義としても大きく、大切にしていかなければなりません。


私は普段、都会のコンクリートのジャングルにいて息が詰まるような思いをすることがあります。そんな時は休憩のために、青々とした春夏の田んぼや、黄金色に染まった秋の田んぼを見に行きます。そうすると、仕事に打ち込める力を田んぼからもらって帰ることができます。

そんな体験ができるのも、田んぼオーナー制度の良さではないでしょうか。

第4章

無洗米に学ぶ加工の世界

Chapter 4 :

The world of rice processing

ALL ABOUT THE RICE BUSINESS

1

なぜ無洗米は洗わなくて良いのか

お米は、稲を育てて収穫をしただけでは、私たちの口に入れる形にはなりません。お米の身を穂から取り離す「脱穀」をして、外側の皮である籾を除去する「籾摺り」をした後、「玄米」の形になります。

そして、玄米には内側の皮である糠がついており、白米にするには糠を取り除く「精米」が必要になります。こうしてようやく白米ができるわけです。

このように、お米が私たちの食べる形になるまでには「加工」が必要になります。また、お米そのものを加工し、米粉や米油、餅、煎餅、日本酒といったものにもなります。さらには、白米を精製する過程で生じた稲藁（いねわら）、籾、糠といったものも様々に利用されます。お米にとって加工とは、切っても切り離せない工程なのです。

この章では、そんなお米にとって密接な加工について解説をしていきます。加工の世界の扉を開くにあたり、私たちの生活にも定着した「無洗米」を題材にします。

皆さんは、無洗米を利用されたことがあるでしょうか。利用されたことがある方は、無洗米がなぜ洗わなくて良いのかを知っているでしょうか。

通常、店舗で売られている精米されたお米は、精米機によって剥がされた糠（肌糠）が微妙に再付着している場合があるので、水で洗ったり研いだりする必要があります。肌糠が付いたままお米を炊くと、糠臭くて美味しくないご飯になってしまいます。

一方、１９９１年に誕生した無洗米は、洗ったり研いだりする必要がなくなりました。全国無洗米協会の調査によると、無洗米を購入する家庭は約45％だそうです。

改めて確認をしておくと、無洗米とは、お米を研いだり洗ったりしなくても水を加えるだけで炊飯できるように加工したお米のことです。このようにできるのは、精米後のお米の表面に付いている肌糠まで取り除いているからです。

今や無洗米の技術も進歩を遂げ、最新鋭の工場では、精米度合いの低い「分づき米」や「胚芽米」でも無洗米に加工できるようになりました。

では、具体的にどのようにして肌糠を取り除くのでしょうか。

まず、付着した糠を取る「ＢＧ精米製法」という製法があります。ＢＧは、Bran（糠）Grind（削る）のことで、別名「ヌカ式」とも言われます。

精米したお米をステンレス製の筒の中でかき混ぜると、粘着性のある肌糠だけが金属壁にくっつきます。この肌糠に別の肌糠が次々と付着して無洗米が出来上がります。

このほかにも、水で洗って乾燥させる方法やタピオカに肌糠を吸着させる方法、ブラシや不織布を使って肌糠を取る方法などがあります。

そんな無洗米のメリットは、お米を計量して水を入れるだけで炊ける、研ぐための水を節約できる、研ぎ汁が出ないので環境を汚さない、研ぐ力のないお年寄りやキャンプ時にも便利など様々です。

しかし、デメリットもあります。それは、普通精米のお米よりも価格が少し高くなる、甘味・うま味・粘りなどが若干少なくなるといったことです。

無洗米を美味しく炊くには、普通精米のお米よりも少しだけ水を多くすることです。粒が小さくてベタつきが少なく、より乾燥していることが多いのが理由です。また、家庭用の圧力ＩＨ炊飯器には、無洗米用計量カップが付属されていることもあるので、ぜひ活用してください。

また、無洗米でもその方式によっては、水に浸してかき混ぜる程度に軽く洗った方がいいものもあります。お米の表示をよく見て美味しいお米を炊いてください。

無洗米は糠がないので劣化が進まず、普通精米のお米よりも美味しく食べられる時間が長いとされています。

とはいえ、家庭では２週間から１ヶ月ぐらいで食べ切る量を買うようにしましょう。高温多湿になる場所で、袋のまま置いておくのはやめ、臭いの強いもののそばに置かず、密封した容器で保管しましょう。以上の点を守ると味が落ちにくくなります。

ALL ABOUT THE RICE BUSINESS

2

お米が売り場に並ぶまで

私たちが最も食べるお米の状態といえば、白米でしょう。日々、当たり前に食べている白米ですが、そこに至るまでにも様々な工程を経ています。

お米屋さんでは、通常、玄米を米卸会社や農家から仕入れ、お米の種類ごとに倉庫に保管し、必要な量だけをその都度精米して店頭に並べたり配達したりします。

お米の精米と一言で言っても、その過程は様々で、オーソドックスには米袋を開けた後、「昇降機→石抜き機→玄米色彩選別機→精米機→仕上げ機（簡易精米機など）→ロータリーシフター（砕米を取り除く）→白米色彩選別機→計量タンク→計量→袋詰め」という順番で進みます。

まず、この過程全般で大事なのは、他のお米が混ざらないようにすることです。

例えば、新潟県産コシヒカリの単品を精米するのであれば、他の品種や他の産地のお米が入らないようにしなければなりません。

これは当たり前の話にも聞こえますが、お米の形状はどれも似ています。さらに、同じコシヒカリとなれば形状はほとんど同じですし、色ツヤも変わりません(他の品種ならまだ区別がつきやすいです)。

なので、この「他のお米が混ざらないようにする」というのは、お米屋の腕の見せどころでもあり、信頼度が問われる重要な事柄でもあります。

精米の段階では、まずはお米の袋に等級や品種、生産地、生産者などの情報が書いてあるので、これを確認します。次に袋を開けた際に、玄米の香りや状態の確認が重要です。確認したら「昇降機」の昇降口にお米を流し込みます。

その次に行き着くのが「石抜き機」で、石や異物を取り除きます。「玄米色彩選別機」では着色したお米など、商品にならないお米を取り除きます。

続いて「精米機」では、玄米の糠を取り除き、白米にします。ここでは、調整次第で削り具合が変わり、味も変わります。

新米と古米では、仕上がりに微妙なずれが生じるので、ここがお米屋さんの技術の見せどころでもあります。精米機にあたる最後の工程では、精米した後、仕上げ機（簡単な無洗米加工）でお米を研磨し、最後にロータリーシフターで砕けたお米を取り除きます。

最後は、「白米色彩選別機」で最終のチェックを行い、商品にならないお米をもう一度チェックして取り除きます。こうして出荷できる白米が完成し、「計量タンク」に入れられて、「計量」され、「袋詰め」され、売り場に並ぶ形になります。

玄米から白米になるとお米の重さは約1割減ります。減った部分は米糠や胚芽の部分です。お米の精米と一言で言っても、様々な工程を経ており、とても手間がかかることがおわかりいただけたかと思います。ただ、現代ではこれらの工程はほぼ機械がやってくれています。

スーパーやお米を専門に扱っていない小売店の場合でも、米卸会社が精米を行うだけで、工程はほぼ同じです。ただ、お米屋さんの場合には、精米を自前で小まめにできるため、2、3日でなくなる量しか店頭に置かれることはありませんが、スーパーの場合はさらに長い期間で置かれることもあるので注意が必要です。

お米は精米してから時間が経つと、水分が飛び、風味や食感が損なわれてしまいます。

精米時期を確認して、精米時期から2、３日のお米は精米仕立てと思って間違いないでしょう。逆に2週間以上経っているものは少し風味が損なわれる恐れがあります。

ALL ABOUT THE RICE BUSINESS

3

精米で変わるお米の栄養価と味

お米は、精米によって味が変わるだけでなく、栄養価にも影響を及ぼします。白米よりも玄米の方が栄養価が高いということは、聞いたことがあるでしょう。

こんな話があります。白米の文字を逆にすると「米白」。続けて書くと「粕（かす）」という字になります。白いお米は栄養価が抜けているからカスなのだ、と揶揄する話です。

しかし、白米もまったく栄養がないわけではありません。まずは、精米によるお米の違いを確認しましょう。

玄米をキレイに白く精米したお米を「精白米」と呼びます。これに対し、少し（3分ぐらい）ついたお米を「3分搗（づ）き」、もう少し白くすると「5分搗（づ）き」、精白米の白さに近くまで精米すると「7分搗（づ）き」と呼ばれます。このように、玄米を精米する時に糠や胚芽を残す精米方法を「分搗（ぶづ）き米（まい）」といいます。分搗き米は数字が大きいほど白米に近くなります。

また、特殊な精米器を使って胚芽（成長して芽になる部分）を残して白米のように仕上げたお米を「胚芽米」「胚芽精米」などと呼びますが、これらも分搗き米の1つです。

胚芽米には規格があり、胚芽の残存率が80％以上で白度34％以上のものが胚芽米として販売できます。

さて、栄養価の点では「玄米」は「白米」に比べ、ビタミン類は約2倍～10倍、食物繊維は約6倍多いとされています。

ただ、玄米は糠がついており、糠の味と香りが強く出てしまうので一般的には食べにくいとされます。そこで、玄米ほどでなくとも、白米よりも栄養価が高く、白米のように食べやすいお米として「胚芽米」が販売されるようになりました。

ただし、胚芽米も炊き上がりを食べると、甘味が出て美味しいのですが、冷めてしまうと糠臭さが出て食べにくくなります。なお、玄米も冷めると少し硬くなり、やはり食べにくくなります。

余談ですが、残った玄米や胚芽米はおにぎりにして保存し、後日焼きおにぎりなどにすると香ばしくて美味しく食べられます。

また、最近では「発芽玄米」というお米も聞くことがあると思います。発芽玄米は、玄米をわずかに発芽させたお米のことです。発芽させることで、玄米中の酵素が活性化されるので、栄養価は玄米以上にあるとも言われています。

発芽玄米は、玄米を使って家で作ることもできますし、発芽玄米を作れる炊飯器も販売されています。味も良く美味しいのですが、雑菌などが入る場合があるので注意してください。

玄米や発芽米、分搗き米を買う時の注意点として、なるべく農薬を使っていないお米を選ぶことが重要です。

農薬のほとんどは糠につくと言われています。白米だと糠を除去してしまうので、理屈から言って農薬の影響はほとんどありません。しかし、玄米は糠に包まれたままで、農薬の影響を受ける可能性もあります。

せっかく栄養をたくさん蓄えても、農薬がついていたら食べるのを控えたいですね。お気をつけください。

ALL ABOUT THE RICE BUSINESS

4 ブレンドで変わるお米

厳密にはお米の加工とはまた違いますが、お米はブレンドされて販売されることがあります。ブレンド米（複数原料米）と聞くと値段の安いお米のイメージがあるかもしれませんが、これは一概にそうとも言えません。

お米は、タンクに入れて精米しますが、異なる生産者のお米だったとしても、同一の品種のお米を混ぜて売る場合は、ブレンドとは呼びません（ただし、生産者限定を謳うお米は、生産者を同一のものにしなくてはいけません）。

お米は柔らかさや粘りなどの食感、香り、甘味やうま味などの味において、品種ごとに様々な違いがあります。お米のブレンドの目的として最も多いのは、それらの弱い部分を補完するというものです。

私のお店では以前、「コシヒカリ」と「ササニシキ」をブレンドして寿司用米として販売していました。配合比率は企業秘密ですが、コシヒカリは長野県飯山市、ササニシキは宮城県登米市のものを使っていました。

このブレンドで重要なのは、米の粒の大きさを同じぐらいのものを選び、精米すること です。そうすることで、炊きムラを最小限にできるからです。

さらに、コシヒカリの粘りと甘み、そして長野県飯山地域の1粒1粒にしっかりした弾力のある性質を活かしつつ、ササニシキの柔らかさとあっさりした食感も味わえるようにブレンドしました。炊き上がるとキレイに仕上がり、卸していたお寿司屋さんもとても満足していました。

このように料理に合わせたブレンドは、お米屋が最も得意としていることです。

このほかに例えば、味を濃くしたいときは、「ミルキークイーン」に代表されるもち米に近い性質の「低アミロース米」をブレンドすることはよくあります。

また、お米は7～8月頃になると古米臭がしてくる場合があります。このような時に、独特の香りを持つ「香り米」をブレンドしてイヤな臭いを抑えることもできます。

また、ブレンドに適さないお米もあります。例えば、「ゆめぴりか」などは、食感が他のお米とは違うのでブレンドには適さないと思います。

スーパーなどの量販店で売られているブレンド米は、「価格を抑える」という目的で古米とブレンドしているものもあります。お米の表示欄や袋の窓からお米の粒を見て、品質は大丈夫そうかチェックをしてください。

ALL ABOUT THE RICE BUSINESS

5

第2次米粉ブームの到来？

昨今、ロシアのウクライナへの侵攻から戦争に発展したことで、ウクライナからの全世界への小麦の供給が減り、世界的に小麦の価格が上昇しています。そのような状況もあり、日本国内では米粉が見直されてきています。

ちなみに、第1次米粉ブームは2008年に小麦価格が高騰した時でした。小麦の価格が上昇したことで、米粉を小麦粉の代替品とする利用者が増えたのです。この時は、まだ製粉技術も低く、粉としての品質は小麦粉に及びませんでした。

実は、米粉は昨今のブームよりもずっと前から存在しています。もち米を粉にした「白玉粉」や「もち粉（ぎゅうひ粉）」、うるち米を粉にした「上新粉」や「上用粉」など、どれも精米したお米に水を吸収させてから乾燥させ、砕いて粉にしたものです。

さらに、もち米を餅に加工してから粉にした「寒梅粉」、餅に加工して焼き上げてから粉にした「手焼きみじん粉」、もち米を水洗いして水を切った後、焼いて粉にしたものを「上早粉」、蒸して乾燥したものを「道明寺粉」、蒸して乾燥して大きさを調整し、粒を球状にしたものを「上南粉」と呼びます。

また、うるち米を「上早粉」と同じようにすると「早並粉」、「上南粉」と同じようにすると「うるち上南粉」になります。

昔の米粉は、一度精米してから洗米して加工した後、粉にしていました。今の米粉と分けて「米穀粉」と言う場合もあります。これらは米菓として和菓子やお煎餅などに、昔から使われていた米粉です。

では、最近の米粉はどうでしょう。

米を米粉にする製粉技術が上がり、渦巻状のジェット気流を利用して粒子同士を衝突させ、超微粒子に粉砕する「気流粉砕製粉」という技術を使い、より細かい粉にできるようになりました。

この気流粉砕製粉法には、お米の固い外周部にヒビを入れてから気流粉砕する「二段階製粉法」、酵素を使ってお米の組織を強化している物質を分解してから気流粉砕する「酵素処理製粉法」というさらに高度な方法もあります。

製粉技術の進歩により、今まで作れなかったパンやクッキー、ケーキ、麺、石鹸、化粧品など、それぞれの用途に合う米粉用のお米が開発されたり、用途別にさらに特化した米粉が開発されるようになりました。

米粉には番号が表示されていますが、この番号を見れば用途がわかるようになっています。また、何番になるのかは、米粉中の「アミロース」の割合によって決められます。

アミロースは、米に含まれるデンプンの一種で、割合が低いほどや米粉で加工した食品は柔らかくなり、高いほど硬くなります。実際の用途とともに見ていきましょう。

◯1番：菓子・料理用（アミロース含有率20％未満）

1番は、食品が柔らかく仕上がるとされる米粉で、菓子・料理用とされています。おすすめの用途は、アミロースの含有率によって分けられています。15％未満のソフトタイプはシフォンケーキやクッキー用、15％以上20％未満のミドルタイプはスポンジケーキ用や天ぷら粉、お好み焼粉、唐揚げ粉用に向くとされています。

なお、スポンジケーキ用のお米の品種には「こなゆきひめ」、クッキー用のお米の品種には「こなゆきの舞」「北瑞穂（きたみずほ）」があります。

◯２番：パン用（アミロース含有率15％以上25％未満）

２番は食品が程よい硬さで仕上がるとされる米粉で、パン用とされています。
なお、パン用のお米の品種には「ミズホチカラ」「笑みたわわ」「こなだもん」「ほしのこ」「ゆめふわり」などがあります。

◯３番：麺類用（アミロース含有率25％以上）

３番は食品が硬く仕上がるとされる米粉で、麺類用とされています。
なお、麺類用のお米の品種には「あきたさらり」「亜細亜のかおり」「あみちゃんまい」「こしのめんじまん」「ふくのこ」「モミロマン」「もみゆたか」などがあります。

新潟県の上野農園で作られたコシヒカリの米粉を使って妻にスポンジケーキを作ってもらいましたが、とても美味しくできました。米粉はグルテンフリーでグルテンの中毒性もなく、脂肪や糖の吸収が抑えられ、血糖値の上昇を緩やかにします。健康にも良い素材なので、ぜひご活用ください。

ALL ABOUT THE RICE BUSINESS

6 こんなにあるお米の加工品

　ここまでは、主に精米や米粉について述べてきました。ただ、これらはお米の加工という括りでは、ごくごく一部のお話です。お米の加工品はほかにも、日本酒、みりん、米酢、餅、和菓子、米油、ビーフン、ライスペーパー、シリアルなど様々です。この章の最後では、お米の加工品について少しずつ触れておきたいと思います。

①日本酒

「日本酒」は、酒米を精米して削ったものに麹を使い、麹の持つ酵素によってお米のデンプンを糖分に変え、さらに酵母の力でアルコール発酵をさせて造られます。このように、糖化とアルコール発酵の化学反応を同じタンクで同時に行う、「並行複発酵」という世界的にも類を見ない高度な醸造技術で日本酒は造られます。このとき、精米歩合が60％以下のもの（40％以上削ったもの）が「吟醸」、50％以下のものが「大吟醸」と呼ばれます。

そうしてできたものに醸造アルコールなどを加えなければ、一般的には「純米酒」と呼ばれますが、こう呼ぶには次のようなさらに細かな決まりがあります。

（1）使用原料は米と米麹のみ
（2）米麹用の米の使用割合が15％以上
（3）農産物検査法で３等以上に格付けされた米を使っている

巷では、「米だけの酒」と謳った日本酒を見ることもありますが、これらは上記の（2）（3）の条件を満たしていないものになります。

②酒粕

日本酒の製造工程で、酒を搾った後に残る（固体）の部分です。酒粕には、デンプンのほか、タンパク質、ペプチド、アミノ酸、ビタミン、酵母などが含まれており、これらの成分は栄養的にも優れています。また、アルコール分も８パーセントほど含んでいます。

酒粕は、その形状によって種類分けされており、平たい板状に伸ばした「板粕（いたかす）」、バラバラに崩れた状態の「バラ粕」、酒粕を踏み込んで圧縮して造り、奈良漬けなどの漬物に使われる「踏込粕（ふみこみかす）」があります。

③みりん

みりんは、もち米を原料としたアルコール入りの伝統的な調味料です。ほぼ日本酒と同じ製法ですが、蒸したもち米に米こうじと焼酎を加えて造られます。また、みりんの甘さの元は、ブドウ糖やオリゴ糖などの多種類の糖類であり、白糖よりも深みのある甘みを醸し出してくれます。

④米酢

お米から作られる醸造酢のことで、お米特有の甘味とうま味があり、柔らかな酸味が特徴のお酢です。米酢の基本的な製造工程は、途中まで日本酒と同じです。日本酒を造った後、元々別で造っておいた米酢（「酢もと」と呼ぶ）と酢酸菌を加えて酢酸発酵を起こさせ、お酒のアルコール成分をお酢の主成分である酢酸に変えると米酢になります。

なお、酢酸に変わる前のアルコールがお米だけを使っている場合は「純米酢」と呼ばれ、醸造用アルコールも使われている場合は単なる米酢となります。

⑤餅

もち米に水を含ませて蒸した後に杵などでつくと餅ができます。もち米のでんぷんは固い性質のアミロースが含まれず、粘りっこい性質のアミロペクチンのみで構成されいるため、潰すと粘りのある塊になります。

餅の文化は稲作文化とともに伝わったと考えられており、その歴史も長いです。日本人は、餅の粘りに対する特有の嗜好を持っていたため、奈良時代から貴族のお菓子に用いられるなど重宝され、お祝いごとにも多く用いられてきました。

⑥和菓子

「煎餅」はうるち米が原料、「おかき」と「あられ」はもち米が原料となっている焼き和菓子です。また、昔からある米粉を原料に、「白玉団子」「柏餅」「ういろう」「ちまき」「求肥」といった和菓子が作られます。

これらは、コシのあり／なしなどの求める性質によって「白玉粉」「上新粉」「もち粉」「だんご粉」といったどの米粉を使うのかが選択されます。

⑦米油

「米油」は、米糠を絞って作られます。実は米糠には約20％の油分が含まれています。この油分を抽出し、精製すると米油になります。抽出の工程で出た搾りカスは肥料や飼料に、精製の過程で分けられた成分は石けんや化粧品にもすることができます。

⑧ビーフン

麺類の「ビーフン」もお米の加工品です。ビーフンは、中国南部の福建省周辺が発祥とされており、「米粉」と表記します。これを台湾語などで発音すると「ビーフン」に近い発音になることが名前の由来です。中国や台湾、ベトナムをはじめ東南アジアで食べられており、日本でもケンミンの焼きビーフンは有名です。

一般的には素麺のような細長い形状ですが、その製造工程はお米を水と一緒にすりつぶした後に、布でこして脱水し、さらに蒸したものをところてんのように押し出して乾燥させています。

⑨ライスペーパー

生春巻きなどに使われているライスペーパーの製造工程は至ってシンプルで、砕いたお米に水を加えて丸く伸ばして乾燥させるだけです。最近では、そこに少々の塩を加えることも多くなっています。さらには、モチモチ感を出すため、タピオカやでんぷんなどを加えて生産される商品も見られます。

⑩シリアル

最近、離乳食などでも人気なシリアルですが、「ライスシリアル」は、米粉を材料に鉄分やビタミンミネラルなどの栄養を添加しているお米の加工品です。この米粉は、もち米やうるち米を粉砕したものです。小麦粉が混ざっていないので、小麦アレルギーの方でも安心して食べられます。

ただ、最近では国産のものも出てきているとはいえ、ライスシリアルは海外の商品が多くなっています。文化も違うので、よく吟味して選ぶ必要があるかもしれません。

お米は捨てるところがない

稲が実ってから収穫して白米になるまでの間に、稲藁、籾殻、米糠などが取れます。これらは捨てる場合もあるのですが、様々に利用することができます。

「稲藁」は、刈り取った籾から採れた葉っぱや茎の部分です。しめ縄などにも使われますが、田んぼや畑でも使われています。

例えば、稲藁を20本ぐらいで結んで立てておいて1ヶ月ほど乾燥させます。乾燥した藁は保存しておき、必要な時に畑の畝（うね）（作物も育てるために盛り上げた所）などに敷きます。こうすることで、夏場の乾燥や地温の上昇を防ぐことができます。

縦横に稲藁を編み込めば、敷物となる菰（こも）となり、果樹などの寒さ対策などに使われます。山芋などのツルが出る野菜を畑に植えた際には、強い風に飛ばされないように、藁に巻き付けたりもします。

また、稲藁はそのまま田畑に撒いても有機物を多く含むため、肥料になり、田畑の土に栄養を与えます。最近では、農業機械のコンバインで稲刈りするのが一般的ですが、その際には稲藁が細かく砕かれるので、そのまま田んぼの土と混ぜ合わせて土作りのために使用する場合もあります。

「籾殻」は、お米の実から玄米を取り出す際の籾摺りによって出てきます。発酵させて堆肥にしたり、燻炭機を使って籾殻燻炭を作ったりして、土壌改良のために使うなどします。籾酢にすれば、害虫駆除にも使えます。

また、籾殻をそのまま畑の畝に撒くと保水効果や保温効果があり、畝を覆うビニール製のマルチシートと同じような効果が期待できます。さらに、「籾殻かまど」の燃料としても使われ、高火力になるため美味しいご飯を炊くことができます。

「米糠」は、玄米を白米に精米する際に出てきます。乳酸菌や麹菌などの微生物のエサになる成分があり、それらが集まってきて増殖します。そして、糠の中に栄養分が溜まり、田畑の肥料になります。土に直接撒いても発酵が進み、植物の病気を抑える効果もあります。

また、米糠を発酵させ、繁殖した乳酸菌や酵母とともに野菜や魚などの食品を漬け込んだ「糠漬け」は、昔からご飯のお供でした。

最近では、米糠石鹸や美容液などにも米糠が使われています。米糠の発酵風呂も肌がスベスベになり、美容効果があるとして人気が出てきています。また、糠を炒って食べたりする健康法も出てきています。

第5章

ＪＡ米に学ぶ流通の世界

Chapter 5 :
The world of rice distribution

ALL ABOUT THE RICE BUSINESS

1

ＪＡ米は何が違うのか

前章まではお米自体がどう作られるかについて解説をしてきました。

そこから私たちの手元に届くまでには、当然ながら流通を経る必要があります。生鮮食品であるお米は、流通での扱い次第では品質が変わってしまいます。また、主食であるがゆえに、安定的な供給は私たちの生活を守るためにも重要であり、ひいては国力にも直結してくる事柄とも言えるでしょう。

こうして考えると、お米にとって流通がいかに重大か、ご理解いただけるのではないでしょうか。

そこでこの章では、そんなお米の流通について解説をしていきます。流通の世界の扉を開くにあたり、皆さんもよく耳にされるであろう「ＪＡ米」を題材にしてその扉を開いていきましょう。

「ＪＡ米」とは、その名の通りＪＡ（農業協同組合）を介したお米で、一定の条件をクリアしたお米に押印されるＪＡグループの認証マークが付与されたものです。

「ＪＡ」が農協であることはご存じと思いますが、正確にはその英語表記である「Japan Agricultural cooperatives」の略称です。ＪＡは組合員の農家に農業技術の指導をしたり、農業に必要な資材をできるだけ安く共同で購入したり、貯金・融資・共済といった金融面での支援をしたりする事業を行っています。

ＪＡでは、全国段階、都道府県段階、市町村段階で組織が分かれます。さらに、その部門ごとに組織が分かれており、全国組織は「ＪＡ全中（代表・総合調整等の事業）」「ＪＡ全農（経済事業）」「ＪＡ共済連（共済事業）」「農林中金（信用事業）」といった名称で呼ばれます。このうち、お米の流通に直接関わるのは経済事業の組織（全国だとＪＡ全農）で、ＪＡ米と呼ばれるお米に大きく関わっています。

現在ではお米の流通は自由化されていますが、１９９５年以前はお米の流通が政府によって管理されていたこともあり、その大半がＪＡを経ていました。そのような歴史もあるので、ＪＡの流通への影響力は大きいものがあります。農協協会がまとめた２０２２

年のコメ実態調査によると、ＪＡの米集荷率は全国平均で53％となっており、特に北海道は82％、東日本は60％と多くなっています。

では、ＪＡに集荷されたお米がＪＡ米なのかというとそうではありません。ＪＡ米には、まず次の３つの要件が必要とされます。

○要件１　事前に定めた基準に沿って生産されたことを、生産者の記帳によって確認

ＪＡ・生産者グループごとにお米づくりのルールを決め、それにしたがって稲を栽培します。また、国が定めた農薬使用基準を厳守し、使用した農薬・肥料などに関する生産情報をきちんと記録することが求められます。

○要件２　品種を確認した種子を使用

品種が確認された種子を使用し、育苗、栽培・収穫、乾燥・脱穀、保管の各段階で、他のお米と混ざらないようきちんと管理し、出荷することが求められます。

○要件３　法律で定められた検査を受検

ＪＡ米は、国の法律に基づいて、品質の良否、異物・被害粒の混入、水分など、お米の品位格付けを行う農産物検査を受けていることが求められます。

これらは全国統一要件であり、地域のＪＡによっては、さらに独自要件をプラスしている場合があります。例えば、残留農薬分析の実施、農薬や化学肥料の使用を削減する特別栽培への取り組みなどがそうです。

そして、要件を満たしたお米の米袋には「ＪＡ米マーク」の認証が押印されます。さらには、米袋１つひとつに管理ナンバーが付されます。ＪＡ米印の使用は、ＪＡ全農で厳重に管理もされています。

ＪＡによると、地域ごとに特色のあるお米づくりは、確かな品種、栽培履歴の確認という土台があって初めて花開くとされています。そして、全国の均一化、画一化を目的とするのではなく、各産地の個性あるお米づくりをサポートする土台づくりを目指すのがＪＡ米の位置づけとしています。

これからのＪＡ米がもっと進化して、美味しくなることに期待しています。

ALL ABOUT THE RICE BUSINESS

2 お米流通の歴史

現在、お米の流通は自由化されています。そのため、ＪＡを介さないで流通しているお米も多くなっていますし、農家が消費者に直接お米を販売するケースも増えています。今では当たり前ですが、一昔前には考えられなかったことです。

では、どのようにして現在の流通の形になったのか。ここでは流通を中心にその歴史を辿ってみましょう。

そもそも、なぜお米は日本人の主食になったのでしょうか。これは、古代の日本において、お米が他のどの栽培植物よりも高収量だったのがその理由と言えるでしょう。

そして、お米は長期間保存しても美味しく食べられる食糧だったので、米を持つものは富を蓄え、邪馬台国が誕生していたとされる3世紀頃には権力を持つようになっていきます。保存性の高いお米は、時間が経っても価値を保てることから経済の基本にもなり、飛鳥時代には税徴収の対象にもなります。その後、武士が権力を持つようになったのは、武力と政策によりお米を作る土地と人を囲い込めたからです。

時は進み、江戸時代になると貨幣が多く流通するようになり、お米以上に長期間価値を保てることから、経済の中心は貨幣、すなわちお金へと移っていきます。そして、武士たちはお米を大量に換金する必要性に迫られ、米商人が米相場を決めて日本経済を支配しました。

この頃は自動車などの交通手段がなかったので、年貢米が産地から武士の手元に届くまでの物流には相当な時間を要していました。今では考えられないことですが、国税庁によると、越後国高田藩（現在の新潟県上越市）のお米が江戸に着くのは翌々年の春以降になっていたことが、江戸時代の文献に記されているそうです。

こうした状況の中、武士たちにとっては「手元にお米が届くよりも、早くお米を換金して貨幣を手に入れたい」と思うのも当然で、年貢米を担保として米商人から貸付を受けるようになります。

そして、１７３０年に大阪の堂島米会所でお米の先物取引が始まります。

このことは、現代に通ずるお米流通の先駆けとも言えるでしょう。現に、全米販（全国米穀販売事業共済協同組合）の「コメ流通の歴史」の年表は、ここが起点となっています。ちなみに、これが世界で初めての先物取引と言われます。

明治時代に入ると、1873年に地租改正が行われ、税はお金で収めるようになります。こうなると、お米はもっぱら食糧として扱われるようになってきます。

そして1886年には、東京の深川佐賀町に現品売買の正米市場が開設され、東京のお米がすべてこの正米市場を経由し、お米流通の拠点となっていました。

しかし、大正時代に入り、1914年に第一次世界大戦が勃発すると、お米の価格が暴騰し、富山県を発端として米騒動が全国に広がります。これをきっかけに、米穀の需給と市価の調節を目的とする法律「米穀法」が1921年に制定され、お米の流通は政府の間接統制下に置かれるようになります。

1937年に日中戦争が勃発すると、戦時下の経済統制でお米の先物取引は全廃されます。

そして、1941年に太平洋戦争が始まると国内の食糧不足が深刻化していきます。そこで、政府はお米のほか、主要食糧を国の管理下において安定供給を確保するために「食糧管理法」を制定します。この制度では、流通経路を「生産者↓政府↓消費者」に限定し、これ以外の流通を禁止していました。また、この法律の下でお米は配給制度を行うようになります。この頃を「米穀通帳時代」とも言います。

戦後を迎え、高度経済成長期になると豊作が続いた時期もあり、ただ食べるだけでなく味の良いお米が求められるようになってきます。そうして1969年には、自主流通制度が発足し、一部のお米は政府を介さずとも販売ができるようになりました。

さらに、1982年には、改正食糧管理法が施行され、通常時の厳格な配給制度を廃止。自主流通制度も明文化されました。

このようにして、徐々に自由化へと向かうお米の流通ですが、大きく動いたのが1995年のことです。

この少し前の1993年は、冷夏による「平成の大凶作」とも言われる不作の年で、日本全国で米不足となりました。この時、輸入されたタイ米を食べていた方もいらっしゃるかと思います。

また、違法に流通した「闇米」が横行したのもこの頃です。実は、この年の前までは、米農家を保護する名目でお米の輸入はほとんど行われていませんでした。しかし、米不足を背景に「ガット・ウルグアイ・ラウンド農業合意」を認めざるを得なくなり、お米の輸入を解禁することになりました。

翌年の１９９４年の気候は猛暑となり、米不足自体は解消されますが、このような流れもあり、１９９５年にはそれまでの食糧管理法を廃止し、新たに「食糧法」が制定されます。食糧法は「自主流通米」中心の流通に変える内容であり、これによりお米の流通の自由化が大きく進みました。

そして、自由化の流れが熟した２００４年、改正食糧法が施行されたことでお米の流通は現在の形となり、ほぼ自由化されることとなりました。

以上がお米の流通の歴史です。日本人にとって大切な食糧であるからこそ、お米の流通はインフラであるとも言えるでしょう。お米の流通のあり方は、これからも時代にも合わせて皆で考えていくことが大切です。

ALL ABOUT THE RICE BUSINESS

3 お米の値段はどうやって決まるのか

同じお米という商品なのに、その値段には、例えば10ｋｇ2000円台から10万円強のものまで開きがあります。お米の値段はどのようにして決まるのでしょうか。

今では、農家が生産したお米の値段は自由に決められます。ただ、昔は違いました。政府が食糧を管理する食糧管理制度があった1995年までは、お米の価格は自主流通米を除き、政府が決めていたのです。お米は日本人の主食であり、お米の価格が極端に上下すると生産者も消費者も困り、経済的にも良くないとされていたからです。

もっとも、かつては政府以外の人が農家からお米を買うことができなかったのですが、1969年に「自主流通米制度」が始まり、これによってお米の一部については生産者から直接買うことができるようになりました。

この時代には、生産者が販売するお米は「自主流通米」、政府が売るお米を「政府管理米（政府米）」とそれぞれ呼んでいました。自主流通米の価格は、自主流通米価格形成センターでの入札により、お米の銘柄・生産地ごとに決まっていました。

自主流通米価格センターはその後、米穀価格形成センターに変わりましたが、取引扱い量も少なくなり2011年に廃止されました。

1995年に食糧管理制度が廃止され、食糧法が施行されると、生産者はお米を自由に販売できるようになりました。ただ、お米の価格が安くなりすぎると、農水省が緊急措置としてお米を買い上げたりします。こうして、極端な値段の上下を監視しています。

お米の流通の半分程度を占めるのは、JA関連のお米です。JAでは前年までの在庫米などを計算し、県単位でお米の価格を決めて、農家から集荷します。この価格は、お米の相場に大きな影響を与えます。

その後、各地のJAに集荷されたお米は、米卸会社に販売されます。この時、卸会社との交渉によってお米の銘柄ごとに価格が決まります。この時の価格を「相対取引価格」といいます。

ちなみに、2023年産の相対取引価格は60kgで、「新潟県産コシヒカリ（一般）」が

1万6983円、「新潟県産コシヒカリ（魚沼）」が2万9929円、「北海道産ゆめぴりか」が1万9890円でした。この年の新潟県のコシヒカリは、高温障害により品質があまり良くなかったこともあり、相対取引価格は前年とあまり変わりませんでしたが、他県産で品質の良いものは1割近く高くなっています。

なお、JA関連や米卸会社に流通されないお米の値段は、生産者が独自に決められます。

ちなみに、日本で最も高額で販売されたお米は、2016年にギネス世界記録にも認定された「世界最高米」で、今でも毎年、東洋ライス株式会社が販売しています。値段はなんと1kg1万1304円（税別）です。

「世界最高米」は毎年、米・食味分析鑑定コンクール国際大会で国際総合部門などの金賞を受賞した玄米の中から、選び抜かれたお米を独自のブレンドしたお米です。

ALL ABOUT THE RICE BUSINESS

4

日本米の海外輸出

日本国内のお米の流通はほぼ自由化され、米農家のお米がインターネットなどを通じて直接簡単に買えるようになりました。また、コメ余りの状態が続く日本では、その販売先を海外にまで広げていくのが喫緊の課題でもあります。

国際的に見れば日本のお米はかなり高いのですが、最近の円安で日本米と海外米の価格差も縮まりました。こうした状況が後押しし、日本米の美味しさを海外にもアピールする絶好のチャンスがやってきているといえます。

海外での日本食ブームもあり、パックライスや米粉などの需要も伸びており、最近、その売れ行きは右肩上がりで推移しています。しかし、パックライスは韓国などでも製造され、日本のライバルとなっています。

大手米卸会社も、香港、アメリカ、中国、タイ、ベトナムなどに拠点を置き、日本米の輸出を少しずつ広げています。お米を炊いてご飯を供給する炊飯事業を得意としている米卸会社も、現地法人などと共同出資をして、製造ラインを作っています。これらの販売先は、元々、現地の日系企業が主でしたが、それ以外の販売にも少しずつ広がってきているのです。

こうした日本米輸出の動きは、政府と民間企業が力を合わせて行っており、徐々に成果を上げてきている段階です。

また、大規模な米農家では、海外に直接お米を輸出するところも増えてきました。日本米の品質の良さは海外でも認められているところですが、価格の高さがネックになっています。

海外の富裕層のみが日本米を食べている現状では、お米の輸出は伸びてきません。せめて、中間所得層までが食べられるように手頃な値段でも手に入るようにし、海外でも売れるようにしていきたいところです。

タイやベトナムなどは、１年にお米が３〜４回収穫できるので、お米の価格を安く抑えることができます。また、高価なお米を作ったとしても3回は収穫できます。

将来的に、品種を日本型のジャポニカ種にして日本米と同じ品質になったとしたら、日本国内で生産されたお米ではなかなか勝負にならなくなります。

これに対抗するためには、生産性をさらに上げなければなりません。また、国ごとのニーズも考えることが必要になってきますし、日本国内の水田の整備や米農家の自力を付けるのも必要になってくるのではないでしょうか。

国産のお米が世界で消費されるためには、国や米農家、米卸会社だけでなく、精米設備の会社や農機具の会社なども協力し、これからもオールジャパンで取り組んでいく必要があると思っています。

ALL ABOUT THE RICE BUSINESS

5 倉庫の保管方法で変わるお米

日本では、ほとんどの場所で年に1回しかお米が収穫できません。そのため、年間を通じて食べるには保管をする必要があります。

お米は農作物の中でも水分が比較的少ないので保存しやすく、長期にわたって保管ができます。しかし、その保管方法によってお米の味が大きく変わってしまいます。

昔は高床式倉庫などに保管し、穀物の品質低下を防いでいました。時代が進み、江戸時代になると蔵を建てて、温度の上昇を防ぎ、穀物や農産物の鮮度を維持していました。冷蔵庫ができる前、雪の多い地域では、「雪室（ゆきむろ）」と呼ばれる天然の冷蔵庫の中にお米や野菜、お酒などを貯蔵していました。雪室のおかげでお米は鮮度を保持でき、野菜やお酒などはほどよく熟成して良い味わいになりました。

今でも雪室貯蔵は、低コストで良い保管技術として新潟県や北海道などで活用されています。雪室貯蔵の良いところは、お米が凍らずに氷点下で貯蔵でき、品質低下を遅らせられることです。また、虫が湧く心配もありません。

さて、次にお米を保管する際のお米の形ですが、精米後の白米、糠がついた玄米、外の殻が付いた籾のうち、どれが最適なのでしょうか。

白米は糠が剥かれることで酸化が早く進み、痛みやすくなってしまいます。よって、長期の保管には向きません。

玄米は糠で覆われており、酸化などの劣化が少なく、長期保存に向いています。

籾は周りに殻がついているため、長期保存に向きます。特に常温での保管の場合は、籾で保管した方が圧倒的に品質劣化は少ないです。

ただ、白米や玄米の方が出してすぐに食べられるので、利便性は高いのも事実でしょう。

近年、夏の異常高温により、従来の常温の倉庫ではお米の品質が落ちやすくなっています。これを受けて、農協や大手米卸会社だけでなく、お米の生産者やお米屋でも低温倉庫を導入し、お米の品質を落とさないようにしています。

最近の低温倉庫は温度だけでなく湿度調整もでき、お米の品質を維持しやすい温度15度以下、湿度70%～75%で保管をしています。

さらに、倉庫内の空気を窒素に変えて保管する方法や、脱酸素剤を入れた袋に入れて保存する方法などの保管方法があります。

低温倉庫では、カビや害虫を防ぎ、保管中の乾燥もなくすことができます。低温倉庫を使うと、夏場でも新米に近い美味しいお米が食べられます。

ちなみに、私のかつてのお店にも低温倉庫がありました。その年の新米と低温倉庫に入れてあった古米と食べ比べをすると、低温倉庫に入れてあった古米の方が柔らかくて美味しいと感じることができました。

これは、最近の新米は乾燥機にかけて水分を調整し、少し固めになってしまうこともあり、新米らしくなくなっているためです。このエピソードからも、お米は保管方法がいかに大事かをわかっていただけるかと思います。

なお、家庭でお米を保存する際は、キレイに洗って乾燥させたペットボトルにすり切りいっぱいお米を詰め、冷蔵庫などで保管する方法がおすすめです。

ALL ABOUT THE RICE BUSINESS

6

農家直売のお米は美味しいのか

30年ほど前からインターネットを使い、農家からお米を直接買えるようになりました。お米の直売は、産地でいえば新潟県が多く、銘柄でいえば圧倒的に「コシヒカリ」が多くなっています。では、お米を農家から直接買う利点とは何でしょうか。

まず、生産者が籾のまま貯蔵をしているお米は、比較的鮮度が保たれていることが多く、冷蔵保管庫に入っているお米であれば、翌年の秋頃までは新米の鮮度に近いものになります。そのお米を出荷直前に精米して届けてもらえれば、鮮度としては良いお米の可能性が高いです。

しかし、お米の美味しさを決める要素は鮮度だけではありません。品種や使う料理によっても美味しく感じるお米は違ってきます。

例えば、「コシヒカリ」は、白飯で食べるにはとても美味しい品種です。また、味の濃い料理との相性は良いですが、チャーハンなどにはあまり向いていません。「ササニシキ」は、魚など素材そのものの味を大事にする料理には合いますが、白飯で食べると少し物足りない感じがします。

「ひとめぼれ」「つや姫」「あきたこまち」などは、どんな食材にも合う万能品種として、食材を選ばずとも相性が良いので、普段の食卓に向いています。

こう考えると、農家からお米を買う際は、自分に合ったお米を選んでこそ、直接買う価値があるといえます。

一般的に農家のお米は、スーパーでは売ってないものを取り扱っているケースがあります。農薬をまったく使っていないお米や、特殊な品種を販売していたりもします。

自分たちで食べるものですから、自分たちの好みや食生活に合うものを考えて選ぶと、農家から直接お米を買うのがより楽しくなります。

ただ、精米機などに関しては、最新の機械を使っている農家は少ないので、その点は注意が必要です。ときには糠が多めに付着していて、よく研がなければならなかったり、早くに消費しないと品質が下がってしまったりすることもあるでしょう。

私が米屋を営んでいた当時は、農家さんから直接お米を買っていました。そのために農家さんの田んぼを見に行ったり、栽培方法を直接聞いたりして、どんなお米なのかを確認してから買っていました。

お米の味には、産地や品種だけでなく、農家の考え方や育て方も大きく影響しています。実際に同じ産地のコシヒカリでも、食べやすさを重視してあっさり仕上げる農家もあれば、濃い味と強い粘りがあるお米に仕上げる農家もいます。

農家もそれぞれなので、農家から買うお米の全部が美味しいというわけではありません。繰り返しになりますが、大事なのは自分に合ったお米を選ぶことなのです。

これから直接お米を買うのであれば、どんな品種を作っているのか、どんな栽培方法なのか、どうやって食べたら美味しいのかなどを聞いてみてください。

ふるさと納税のポータルサイト「ふるさとチョイス」の特集記事では、私が色々な生産者さんのお米についてコメントを書いています。このコメントも参考に、美味しいお米を探すヒントにしていただけたらと思います。

お米の評価方法

美味しいと感じるお米は、人それぞれ違います。

あっさりしたお米が好きな人、モチモチしたお米が好きな人、甘いお米が好きな人など、違いがあるから面白いのです。

しかし、お米は多くの人が食べるものなので、味を表す共通のモノサシもあった方が良いでしょう。そこで、生まれてきたのが様々なお米の評価です。

その代表的なものとして、1等米や2等など、お米の「等級」というものがあります。

お米の等級は、農産物検査法の第3条で決められています。お米の生産地や品種名の表示をし、公正に取引を行うために等級をつけます。

まずは、次のページにそれぞれの等級の基準を記載します。少し難しく見えると思いますが、等級検査は数値や検査員の目視で行われるので、使われている言葉は気にせず「きれいなお米ほど等級が高い」と理解しておくと良いでしょう。

◯1等米

整粒割合70%以上、水分15%以下、被害粒、死米、着色米、異種穀粒、異物混入の合計15%以下

◯2等米

整粒割合60%以上、水分15%以下、被害粒、死米、着色米、異種穀粒、異物混入の合計20%以下

◯3等米

整粒割合45%以上、水分15%以下、被害粒、死米、着色米、異種穀粒、異物混入の合計30%以下

◯規格外

3等米までの規格に該当せず、異物穀粒、異物混入が50%以上混入していないもの

お米屋はこの等級を注意深く気にしています。というのは、精米した時に等級の良いものの方は歩留まりが良く、利益が上がる傾向があるからです。なお、こ

の等級は、消費者が普段買うお米の袋には記載されていません。

次に、穀物検定協会が食味試験をして、独自に全国各地のお米を格付けする「食味ランキング」があります。「特A」「A」「A'」「B」「B'」の5段階のランクがあります。新聞などに掲載されたりするので、目にしたことがある方もいらっしゃることでしょう。

ちなみに、２０２２年産の一番美味しいとされる特Aは、40産地品種でした。全国の産地品種は、都道府県ごとに選出され、総数は１５２産地品種でした。なお、食味ランキングも消費者が普段買うお米の袋には記載されていません。

ただ、「等級」や「食味ランキング」は、あくまでも目安だと思っています。等級は見た目の話で、美味しさとは直接は関係しません。また、食味ランキングは、ある地方の一部の田んぼのお米を試食するだけで、その地方の全部のお米を試食しているわけではありません。

近年は、「食味分析計」などの機械による分析もあり、食味値が数値として出てきます。この機械では、玄米や白米に対して、近赤外線などを使い、お米の食味を図るのですが、私は食味分析計の信頼度は70％程度と思っています。

また、食味分析計の中には「味度計」というものがあり、こちらはご飯にした状態で食味を測るのですが、この信頼度も85％程度と思っています。

食味分析計で高得点を出しても味のないお米もありますし、逆に高得点でなくても美味しいお米もあります。

お米の美味しさは、究極的には自分で評価することが一番です。炊いたご飯を10分程度冷ました後、次の点を確認してみてください。

○外観…ご飯のツヤがあるか。粒が揃っているか。
○香り…口に入れる前に鼻で香りを感じられるか。
○食感…口に入れてごはんを噛み、噛みごたえや粘りを感じられるか。
○味…ごはんを噛みながら、甘味やうま味を感じられるか。

以上の項目を1つずつチェックして、自分なりの評価をしてみてください。いくつかのお米を食べると、きっと自分に合ったお米が見つかるはずです。

第6章

お米売り場に学ぶ小売の世界

Chapter 6 :
The world of rice retail

ALL ABOUT THE RICE BUSINESS

1

スーパーのお米売り場と米屋の違い

皆さんはお米をどこで購入されるでしょうか。

スーパー、米屋、デパート、通販など、人によってそれぞれだと思いますが、最近のお米売り場はこれまでとは違い、かなり面白くなっています。まずは、皆さんが最も使われるであろう、スーパーのお米売り場と米屋の違いを見ていきます。

スーパーのお米の売り場に並んでいるお米のほとんどは、卸会社で精米したものです。特に、都市近郊のスーパーでは、全国の銘柄米を取り揃えています。また、大手チェーン店のスーパーは、主たる納入先が決まっているので、地区ごとに同じお米が並んでいます。

例えば、「新潟県産コシヒカリ」「魚沼産コシヒカリ」に加えて、東日本で定番なのが

「あきたこまち」「ひとめぼれ」などです。これらは、ほぼどこのスーパーにも置いてあります。また、西日本で多く並んでいるのは「ヒノヒカリ」です。

売り方としては、スーパーには２ｋｇや５ｋｇの小袋に入ったお米が何種類か置かれています。特売品になると、５ｋｇや10ｋｇの袋で売っているお米も見られます。

また、地方のスーパーでは地元の銘柄米や、地元の米業者のお米もよく並んでいます。


一方、お米屋さんはどうでしょうか。昔のお米屋さんでは、５ｋｇの袋に入れたブランド銘柄米を前面に出し、おすすめ品として最前列に並べるケースがよく見られました。

昔ながらのお米屋さんは今でもありますが、世代交代がなかなか上手くいかない中で、大変苦労をされているようです。

最近のお米屋さんは店舗を清潔にして、袋に詰めたものはあまり並べていません。特売品や価格の安い業務用白米を並べることはありますが、お米だけでない産地の農産物や畜産物が売られたりもしています。

おすすめ品やこだわり品は玄米で展示しており、コーヒー豆を売る専門店のように樽に入れたり、透明のケースに入れたりして、来店したお客様にお米の説明をしながらその場で精米する、といったお米屋さんも増えています。

こうすることで、精米したばかりの新鮮なお米が提供でき、大きさや色などの違いも魅せやすいメリットがあります。

また、最近では生産者から直接お米を仕入れているお店も多く、生産者自らお店に訪れイベントを開催するケースも出てきています。もちろん、米農家直送のお米は米屋の店主自らが買付に行っていて、生産者の写真が店舗内に貼られていたりします。

対面販売の場合、お米へこだわりなどの話も聞けて、お米選びの幅を広げることができます。

ちなみに、嫌な顔をされたら買わなければいいだけなので、まずは気軽にお米屋さんに立ち寄ってみてください。

ALL ABOUT THE RICE BUSINESS

2 お米売り場の1年間

お米売り場というと、ただお米を置いているだけの場所という印象があるかもしれません。しかし実際、裏では様々なことが行われています。

お米売り場の1日は、少なくなった商品の確認から始まります。その日にお客様に出荷する品物の確認と在庫数を見て、足りなくなりそうな商品の仕入れ、または精米するかどうかを判断していきます。ときには予想以上にお客様が来店し、なくなる商品もあるので、各商品の数はある程度捉えておくことが必要です。

米屋の1日は、ほぼ配達と精米に明け暮れています。

お店への来店や配達を通して、直にお客様と接することでコミュニケーションを取り、そのお客様に最適なお米を提供します。スーパーの場合は、お米の専門知識を持っている者が少なく、なかなかお客様にお米の説明をするのは難しいです。

ここからは、当事者でないと知らない「お米売り場」の1年の過ごし方を紹介します。

○10月頃

スーパーでもお米屋でも、お米売り場の1年は新米が出揃った頃からスタートし、10月頃がその時期にあたります。関東地区では8月頃から宮崎県や鹿児島県の新米が入荷し始め、千葉県や茨城県などの新米は9月頃から入荷します。それから徐々に北に向かい、新潟県、秋田県、宮城県、山形県、北海道の主要なお米が10月頃になると入荷し始めます。

その年に採れた新米には、「新米」のシールが貼られ、12月末まで新米を謳うことができますが、その翌年には新米と呼べなくなります。

○1月頃

翌年1月頃になると、全体的にはお米も乾燥し始め、中には少し硬くなってくるものもあります。状況に応じて、お米を売る際に「お水加減を少し多めにしてくださいね」などと一言添えて販売したいところです。

スーパーの場合、このような水加減などを教えてくれる店員さんがいるケースはほとんどないので、理想を言えばお米の専門家を各店舗に配置できるといいですね。

○4月頃

春になると、急激に気温が上がったり、湿度が上がったりします。そうなると、虫が湧きやすくなります。この頃には、陳列してある商品の確認を怠ってはいけません。袋の中に虫がいたりすると、それだけで苦情の元となり、お店の評判がガクッと落ちます。

また、いつも気をつけなければいけないのは、精米してからの期間があまりにも長いもの、例えば精米から1ヵ月以上経ったようなお米を店頭に並べると、お店の鮮度管理ができてないと思われてしまいます。

○7月頃

7月以降になると、精米してからのお米の鮮度の持ちも落ちてくるので、精米時期にはさらに気をつけなければいけません。

私が小売をやっているときは、夏場の店内を涼しくして、商品の数も減らし、商品管理を徹底していました。それでも「虫が出た」「前回と味が違う」などの苦情が出るもので、その場合は商品を交換させていただきました。

お米屋さんでもスーパーでも、不具合があればお米の交換に笑顔で応じてくれるものです。ただ、本音を言うと、虫はどこか外部から入ってくるわけではなく、元々お米の中に卵を産み、それをキレイに隠しています。この状態では無害ですが、卵が孵化する高温多湿な気候になれば被害が出てきます。

味が変わったと言われる場合は、原因がわかる場合とそうでない場合があります。原因がわかる場合とは、例えば同じ産地・品種のお米でも生産者を変更した時などです。わからない場合は、お客様のその時の体調やお客様の管理に問題があった場合が多いです（もちろん、その場合でも真摯に対応しますが）。

季節が変わるとお米が変化するだけでなく、お米の陳列も多少変わってきます。これは、品質を保持しやすい持ちの良いお米とそうでないお米があることも関係しています。お米を買うときは、そのあたりのお店の変化にも気にかけると良いでしょう。

ALL ABOUT THE RICE BUSINESS

3

繁盛するお米売り場はここが違う

お米屋さんでも、スーパーでも、デパートでも、繁盛しているところとそうでないところがあります。繁盛しているお米売り場は、どんな点が違うのでしょうか。

まず大事なのは、見た目に清潔感があって店員の態度が良いことです。当然のことですが、このようなお店の方がお客側は買ってみたくなりますよね。

昔のお米屋というと、店の中に精米機や玄米の袋などが置かれ、糠によるホコリが舞っている「薄汚い工場」のような雰囲気がありました。私の育った初音屋も玄米の入った袋がたくさん積んであるのが見えたり、精米機が動いているのが見えたり、あまりキレイとは言えませんでした。

しかし、スーパーやデパートにもお米が置かれるようになってからは、精米機を売り場に置かず、キレイな袋に入れられたお米が整然と並べられるようになりました。

最近ではさらに、「お米のテーマパーク」のようなお店も出てきました。デパートでも小型の精米機を置いて、その場で注文したお米を精米するといったサービスも出てきているのです。

ほかにも、米農家さんの顔や水田風景の写真をお米の近くに貼るお店や、水田環境そのものを展示しているところも見られます。このようにお米の展示にも熱心なお店は、お米の種類も多く、お米のことを良く知っているお店が多いように感じます。

なかには、ご飯の食味をグラフにして、外観の特徴や、硬さ・柔らかさ、甘味やうま味、粘りなど、特徴を詳しく表示しているお米屋さんやお米売り場もあります。もちろん、そういった売り場では、どんな食材に合うのかなどの情報も確認ができます。

本当に美味しいお米やこだわりのお米を選ぶなら、このようなお米屋さんや売り場に行くべきです。

ここまでやっているお店は、お客様の対応もきちんとしているはずですし、従業員の教育も丁寧に行っている場合が多い印象です。そして、少々高めの代金を支払っても納得できるお店は、今後さらに繁盛してくる良いお店だと思います。

4 お米選びのポイント

お米屋さんに行くと、好みを言うと自分に合ったお米を選んでもらえます。しかし、様々なお米が並んでいる中から自分で選ぶ際、皆さんは何を基準に選びますか。「コシヒカリ」をはじめとした銘柄、産地、値段、量など、何を見れば良いのか難しいところだと思います。そこで、安くて美味しいお米選ぶためのポイントをご紹介します。

○ポイント1　お米の粒を確認する

まず、直感でも良いので、気になるお米を2～3つ選んでよく見てください。このとき、袋を見てお米の粒が見えるかどうかを確認しましょう。中が見えないとお米の状態がわからず、情報不足な中で買わなければならないので、あまりおすすめしません。

中が見えたら、次はお米の粒を見てください。割れていたり、ヒビが入っていたり、着色していたり、白いお米が多かったり、粒が揃っていなかったり……そのような状態だと美味しいお米ではありません。

お米は、同じ産地・銘柄でも時に状態が悪いこともあります。買おうとしている商品そのものの状態は、必ず自分の目で確認するようにしましょう。

○ポイント2　好みを確認して銘柄を選ぶ

自分自身、もしくは自分の家族は、どんなお米を美味しいと思って食べているのか、それを思い返してください。柔らかいお米、粘りのあるお米、しっかりした硬めの食感のお米、甘い香りのするお米……などといった感じです。そして、それぞれの好みに合ったお米を選んでみてください。

美味しいお米を食べたことがないという方は、山形県産の「つや姫」をまず食べてみてください。このお米は万能品種でどんな食材にも合いますし、食感はモチモチして、ちょうど良い甘味とうま味が味わえます。その上で感じたことを元に、次のことを参考にしてお米を選ぶと良いでしょう。

まず、甘味やうま味といった味の濃さを求める方は、「コシヒカリ」や「ミルキークイーン」などの甘くて粘りのあるお米がおすすめです。反対に、あっさりしたお米を求める方には、「ひとめぼれ」や「ササニシキ」が良いでしょう。

お米のタイプとしては、「甘くて粘りのある、白飯で食べたいお米」「あっさりしたご飯が好きで、食材を活かせるお米」「どんな食材にも合うお米」の3つので考えると選びやすいです。

◯ポイント3　栽培方式を確認する（特に玄米の場合）

場合によっては、ＪＡＳ有機米（無農薬栽培）や減農薬栽培、自然栽培など、栽培方式を見ることも大事です。特に、玄米のまま炊いて食べる場合は、この点にお気をつけください。糠の部分に農薬などが残っている場合があります。白飯で食べる場合は、農薬はほぼ精米によって除去されるので、そこまで気にする必要はありません。

なお、レストランや飲食店で扱うご飯の場合は、その食事の方向性に合うもので決めてみてください。少しでも安いからといって選ぶと、料理全体の価値が下がります。

料理に合った美味しいご飯を選ぶことがお店の繁盛にもつながるので、お米選びにはぜひ慎重に取り組んでみてください。

ALL ABOUT THE RICE BUSINESS

5

売れ残ったお米はどうなるのか

日本人の主食であるがゆえに、大量に生産されているお米。そんなお米がもし余った場合、どうなってしまうのでしょううか。

お米は、籾や玄米の状態で保管されていれば、低温倉庫などで長期保管ができるので、比較的余裕を持って販売計画が立てられます。そのため、この場合はどこかしらの売り先に行き着きやすいところがあります。

問題は、精米後の白米です。

お米は精米してしまうと、販売できるレベルの品質が保持しにくくなります。品質が保てても、せいぜい1ヶ月程でしょう。しかし、お米の売り場を見てみると精米時期が古くなっても並んでいるお米があります。

小さなお米屋さんでは、精米して売れ残る量はとても少ないです。なぜなら、ほぼ毎日小まめに精米できるので、販売する量に絞って精米するケースが多いからです。また、最近では、何をどれだけ精米したかを詳しく帳面に記入しなければいけないので、当日の販売分ぐらいしか精米しません。

それでも余る場合は、業務用のブレンド米として販売したりします。大手のお米屋さんは、大口への卸売もしていたりするので、売れ残るお米をブレンド材料に使うことも多くなっている印象です。大手のお米屋さんは、炊飯施設なども経営している会社が多く、残ったお米を炊飯用に使用したりすることもあるようです。

スーパーなどの量販店では、古くなる前に特売をして安く売り切ってしまうところもあります。また、従業員に社内価格で安く買ってもらうこともあります。炊飯設備を持っている量販店では、お弁当に使ったり、おにぎりに使ったりする場合もあるようです。

ここまでにご紹介したような策を講じても余ってしまったお米は、これまで多くが廃棄されていました。

しかし、最近はフードバンクなどに寄付するお店もあります。また、お米をお弁当用などのご飯にして余った場合は、さらに加工して肥料にしたり、飼料用にしたりしています。

最新鋭の技術では、廃棄米でバイオプラスチックの「ライスレジン」を作ったりすることもできるようになりました。さらに、自治体などで備蓄して古くなった廃棄対象のお米を活用して紙素材を開発するといったこともされてきています。

このように、環境にも配慮した業者もいて、売れ残りのお米や廃棄対象米がなくなる方向へと動いています。

ALL ABOUT THE RICE BUSINESS

6

地域で違うお米売り場

私は、地元でも出張先でも、スーパーやデパートに立ち寄る際は必ずお米売り場を見ます。仕事柄、お米を置く棚やスペースの違い、置く品種や置く量の違いを観察するのはとても面白いです。

有名デパートのお米売り場には、様々な生産者の顔写真が貼られていて、キレイで高級感のある袋に入っているお米と、一般的なビニールの袋に入れられているお米が置かれています。高級感のある袋は生産者から直接仕入れているものや、特別なお米を集めている小売業者から仕入れているものが多いです。

お米屋さんは、生産者の顔が見える形で玄米を並べて、お米をその場で精米して販売するスタイルが多くなりました。これを「店頭精米」と言います。もちろん、そうでない売れ筋の商品も陳列してあります。

スーパーには、普通のビニール袋で陳列している場合が多い印象です。特売品などの安いお米は、特に簡単な袋に入れられています。

よく見ると、首都圏などの大都市部のスーパーは、陳列規模によっても違いますが、色々な品種を取り揃えています。例えば、北海道の「ゆめぴりか」や「ななつぼし」の隣に、熊本県の「森のくまさん」が並んでいるなど、全国各地のお米が並んでいたりします。

地方のスーパーではその土地のお米が多く、品種が少ないところも見られます。細かな産地なども含めた品揃えに関しては、スーパーに納入している業者の数にもよりますが、複数の業者が関わっている場合が多いので、ある程度の数は揃っていたりします。

ただ、どのお店でも必ず並ぶ品種があります。それは「新潟県産コシヒカリ」です。ほぼ日本中のどの都道府県でも、さらに店舗形態でもスーパー、コンビニ、お米屋、デパート、生協と様々なところに置かれているはずです。私が今まで見たお米売り場で置いていなかったことは一度もありません。

次によく見かけるのは、同じ新潟県の「魚沼産コシヒカリ」です。陳列してあるスペースや量は少ないのですが、ほぼ全国の色々な売り場に置いてあります。

東日本でよく目にするのは「ひとめぼれ」と「あきたこまち」で、西日本でよく目にするのは「ヒノヒカリ」です。たしかに、「ひとめぼれ」「あきたこまち」は東日本で多く栽培されていて、「ヒノヒカリ」は西日本を中心に栽培されているので納得です。

お米の地域差を見ることで、その土地の地形や気候の違い、そこに住む人々の嗜好の違いも感じられるため、とても面白いです。ぜひ、旅行や出張の際には、その土地のお米の違いを感じてみてください。

お米を売らない米屋「初音屋」

私の会社は「初音屋（はつねや）」といいます。会社として登記をしたのは昭和30年で、私が生まれる前のことでした。ただ、お米屋としては大正時代以前から「初音屋」の屋号を携えて事業を行っていたようです。

私の祖父が「初音屋」を譲り受けてから、私で3代目です。初音屋の歴史をもっと聞いておけば良かったと思う今日この頃です。

初音屋も2012年までは、お米の小売店として、一般の家庭にもお米を販売していました。また、少しさかのぼり1995年からお米の販売が自由化されたことをきっかけに、お米の産地にも出向くようになりました。

当時、産地直送の農家のこだわり米を売っているお米屋はまだ少なく、それから5年後に初音屋は、米卸会社からお米を仕入れなくなり、取り扱いの全量を農家直送のこだわり米にしてしまいました。

米卸会社から仕入れるお米は品質のブレが大きく、お客様からの苦情が絶えませんでした。しかし、農家直送のこだわりのお米に変えてからは、お米の味の苦情はほとんどなくなりました。

米卸会社からの仕入れをやめるまでは、東日本の有名な農家さんやお米のコンクールで知り合った米づくり名人のお宅にお邪魔してお米の話を聞き、少しずつ売っていただきました。また、農家さんの顔写真や田んぼの風景写真を撮ってシールなどにし、お米の袋に貼って消費者にどんなお米かをわかってもらえるように工夫をしてお米を売っていました。

各々の農家のこだわりのお米であったため、米卸会社で大量に扱われているお米よりも仕入れ値は高かったのですが、お客様の信頼は厚くなったと思います。

しかし、家族経営の厳しさもあり、私の両親が病に倒れた際に、両親の介護とお店の両立を余儀なくされました。私と妻で切り盛りするのにも限界で、お米の販売をやめることにしました。

ただ、お米の販売をやめてからも、今までお世話になった農家さんに恩返しができればと思い、お米のコンクールの審査員などを続け、お米の世界から抜けることはありませんでした。むしろ、お米を販売していた時以上に、さらにお米の事情にアンテナを貼り、お米に携わるようになりました。

「お米を売らない米屋」と名刺に書き始めて10年が経ったとき、ふるさと納税のポータルサイト「ふるさとチョイス」からお米の特集記事やコメントのお仕事をいただき、ますますお米の仕事が楽しくなってきました。お米を売らなくても、米農家さんの思いに応え、そのお手伝いが少しできるようになったと実感した次第です。

今後はお米農家さんだけでなく、農業生産者のお手伝いへと広げていけたらと考えているところです。

第7章

圧力IH炊飯器に学ぶ調理の世界

Chapter 7 :

The world of rice cooking

ALL ABOUT THE RICE BUSINESS

1

炊飯器は「圧力IH」がおすすめな理由

お米はそのまま食べることはほとんどなく、何かしらの調理を加えたり、おかずを添えたりして食べています。その中でも「炊く」という調理方法が代表的です。

では、お米を炊いて食べる調理方法は、いつから日本に根づいたのでしょうか。考古学によれば、稲作が始まった当初はお米を煮て調理をするのが一般的で、後に蒸す方法に変わり、さらに中世になって釜で炊く方法になったと言われています。

一口に「炊く」といっても、その炊き方は様々ですが、基本は美味しいお水を適量に入れてお米に十分に染み込ませ、焦がさない程度になるべく高火力（98度以上）で加熱することです。

高火力だとお米が美味しくなる理由は、高温にすることでお米のでんぷん質が変化し、独特の粘りとうま味を持つようになるからです。また、高温によって中の水が対流すると、お米の１粒１粒にムラなく熱を伝えることができます。

そんなお米の炊き方の最新鋭である、「圧力ＩＨ式炊飯器」にスポットを当てて、お米の調理の世界の扉を開いていきましょう。


皆さんは、お米を普段どのように炊いているでしょうか。電気炊飯器、土鍋、調理鍋、フライパンなど、炊くための器具は様々です。その中でも、現在最も多くの人が使っているのは電気炊飯器だと思います。

電気炊飯器には色々な種類があり、主な種類にはマイコン式、ＩＨ式、圧力ＩＨ式が挙げられます。価格はマイコン式が１番安く１万円以下、ＩＨ式は１万円～３万円くらい、圧力ＩＨ式は３万円以上するのが一般的です。

ちなみに、ＩＨとは「Induction Heating」の略で、直訳で「誘導加熱」という意味です。


これら3種類の炊飯器は、加熱方式が違います。

マイコン式は鍋の底からだけの熱で炊く方式、ＩＨ式は磁場を使った電磁誘導加熱により釜全体からの熱で炊く方式、圧力ＩＨ式はＩＨ式に加えて水蒸気を閉じ込めることによる圧力で高熱を出す方式となっています。

この中でマイコン式が1番古く、1955年に発売されました。火力が弱く、それまで主流だったガス釜で炊くご飯よりも味が劣りました。

この後、1988年にIH式炊飯器が発売され、炊飯器で炊くご飯の食味がとても良くなりました。それから4年後の1992年には、圧力IH式炊飯器が発売されます。これによって、ご飯の味はかまどで炊くご飯と比較しても遜色のない味わいになりました。

内釜も進化を遂げて、お米が加熱されやすいものが登場してきました。具体的には、熱の伝わりやすい銅やダイヤモンドなどを貼り付けたもの、遠赤外線効果がある炭やセラミック素材を使ったものなどです。

その後も電気炊飯器の進化は続きます。超音波を起こしてお米にしっかり水を吸収させる機能が付いた「超音波炊き」、蒸気を外に出さずに釜の内側に熱を溜める「蒸気レス」など、新しい技術が圧力IH式に組み込まれることで、さらに美味しく炊けるようになってきています。

さらに、最近では多機能な電気炊飯器が話題になっています。

実は、今の主流になっている圧力IH式炊飯器のほとんどは、流通量が全国的に多い

「新潟県産コシヒカリ」を美味しく炊き上げるように作られています。そのため、他の産地や品種のお米の場合は、ベストな炊き方になっているとは言えず、本来の味が出ないことも多くあります。

そこで、様々なモードを選べるようにしたり、センサーを付けたりするなどして、様々なお米に合った炊き方ができるような炊飯器も登場してきています。

また、無洗米とお水を炊飯器内にセットしておくことで、自動で計量して炊飯してくれる炊飯器も誕生しています。

これから美味しくご飯が炊ける電気炊飯器を買うなら、最低でもＩＨ式炊飯器をおすすめします。

また、予算が許すようであれば、最新式の圧力ＩＨ式炊飯器の方が良いことは、ここまでのご説明でご理解いただけたでしょう。最新式の圧力ＩＨ式炊飯器の中には、お米を炊くだけではなく、他の圧力調理もできるものもあるので料理の幅も広がることでしょう。

ご飯はほぼ毎日食べる食べ物です。多少高くてもそのリターンは大きいと言えるでしょう。ぜひ、自身で納得のいく炊飯器を選んでみてください。

2 研ぎ方で変わるご飯の味

お米を炊く前に大切な工程として、「お米を研ぐ」があります。研ぎ方1つでご飯の味は想像以上に大きく変わります。

お米を研ぐ際に最初に大切なのは、お米の状態の確認です。

無洗米は基本研ぎませんが、ブラシなどで仕上げられた簡易無洗米については、お米を見て、少し黄色みがかっているようなら研いだ方が良いでしょう。

一般的な精米の場合も、お米の状態を確認して研ぐようにしてください。そこで糠が多く付着しているようなら、少し強めに研いでください。

なお、お米をザルに入れて研ぐ人を見かけますが、そうするとお米が割れてしまい、食味が落ちる場合が多いので、おすすめしません。

お米を研ぐ際には、水にも気をつけてください。使う水によって味が変わってきます。お米を研ぐ前には水に浸けますが、一番最初の水は天然水か蒸留水が適しています。ただし、水道水がキレイで美味しい地域は、あまりこだわる必要はありません。なぜなら、お米は一番最初の水をよく吸収するからです。

さて、最初の水を入れたら2、3回かき混ぜた後、すぐに捨てます。ここからの研ぎ方は、お米の状態によって様々ですが、それを判断するには、捨てた水の状態をよく見ることが大事です。

捨てた水の色が黄色くなっていたら、少し強めに3〜4回親指の付け根で押し付けるように研ぎます。濃い目の白い色なら2回ぐらい研ぎます。薄めの白色、もしくは澄んでいるなら1回だけ、研ぐというよりもお米を洗う感じで良いでしょう。

なお、このときの途中で使う水は、水道水でも構いません。最後にすぐ水と炊くために入れる水には、天然水や蒸留水といった良い水を使いましょう。

この研ぐ回数によって、ご飯の味はビックリするほど変わってしまいます。

私の経験では、「つや姫」を3回研いだ時には甘みがあって香りも良い味のあるご飯になりましたが、4回研ぐと「ひとめぼれ」のようなさっぱりした甘味のご飯になりました。

粘りの強いお米であっても研ぎ方を強くすると、あっさりした感じになります。

また、季節によっても研ぎ方を変えると、お米の美味しさも変わってきます。

新米が出てから翌年の1月中旬ぐらいまでは、お米の水分が保たれていることが多くて柔らかいので、研ぐ際に力を入れすぎるとお米が割れて美味しくなくなります。

逆に2月〜4月ぐらいまでは、置いているうちにお米が乾燥しやすく、硬くなっていることが多いので、研ぐ際には少し強めにすることをおすすめします。ただし、雪の多い地域の場合は、あまりお米は乾燥しないので気をつけなくて大丈夫です。

7月〜9月は、水分がさらに飛びやすく、お米の品質が落ちてくる傾向にあるので、やはり強めに研ぐことをおすすめします。

実は、ここ10年くらいの間に精米機も進歩しており、普通精米の場合でも、お米はほとんど研がなくても良い時代になってきています。

とはいえ、お米をよく見て、お米の気持ちになって研ぐことをおすすめします。

ALL ABOUT THE RICE BUSINESS

3

お米の炊き方の基本

お米は栽培されてからそのまま食べられるのではなく、私たちは通常、炊飯して「ご飯」という形でいただきます。そして、ご飯の味にはお米自体の品質はもちろんのこと、炊き方も大きく影響してきます。

では、どのような炊き方が良いのでしょうか。これには、①お水、②研ぎ方、③火力、④炊き上がり時の処理、の４つの要素が大事になってきます。そして、この４つ以前に大事になってくるのが、お米の買い方・選び方です。

お米は精米してからすぐに劣化が始まるので、お米を選ぶときは「精米年月日」を必ず確認してください。「お米は生鮮食品である」と捉えましょう。

さらに、袋の中のお米の粒が見えるものは、粒の状態を見ます。細かい粒があったり、粒が着色してしまっていたりすると、品質も一般的にあまり良くありません。粒が大きくて揃っているお米を選んでください。

また、お米屋さんで買う時は、お米屋さんの話を聞きましょう。その年のお米のデキを聞いて買うと、比較的はずれることはありません。

ここからはお米の炊き方の基本をレクチャーしていきますが、ここでは「火力」と「炊き上がり時の処理」について述べていきましょう。

○火力

お米をそのまま食べても甘みやうま味をそれほど感じないのは、分子が隙間なく規則的に並んだβデンプンという形状をしているからです。これに水を加えて加熱すると、糊状のαデンプンに変わります。

このαデンプンの状態は粘りだけでなく、甘みやうま味も感じやすくなります。このとき、βデンプンをαデンプンに効率的に変えるには、お米に水を十分に吸収させて98度以上の温度で20分程度加熱することが必要となってきます。

つまり、お米を美味しく炊くには、98度以上の高火力で加熱することが基本です。ただ

し、終始高火力で炊くのかというとそうではなく、各フェーズごとに火力を調節することで、お米に熱がうまく伝わるようにします

お米を炊く際の理想的な火加減を指す「はじめチョロチョロ、中パッパ……」というフレーズを皆さんも聞いたことがあると思います。ちなみに、このフレーズは、お米を美味しく炊く際の歌の一節で、江戸時代に生まれたとされています。

「はじめチョロチョロ」とは、最初はチョロチョロとした弱火にすることを言っています。弱火だと釜全体がゆっくりと温まるので、均等に熱が伝わるようになります。

次に「中パッパ」とは、お米を炊く中盤に一気に火力を強くすることを指しています。こうすることで中の水が一気に沸騰し、底から上層にかけて激しい対流が生まれます。すると、お米が「おどる」ようになり、ひと粒ひと粒に芯までムラなく熱が伝わります。

中パッパの続きは、「ぶつぶつ言う頃火を引いて」です。ここでは、火を中火まで弱めながらも沸騰を維持します。続く「ひと握りのワラ燃やし」では、再び強火にして余分な水分を飛ばします。

最後の「赤子泣いても蓋とるな」とは、お火を止めたあとにしっかり蒸らすことが大切ということを指しています。蒸らすことで、お米のうま味をしっかり閉じ込めます。

これらの工程は、現代では炊飯器が代わりにやってくれます。ちなみに、最近のIH式炊飯器や圧力IH式炊飯器では、お米に十分に水を浸透させた後(できれば6時間以上、最低でも2時間以上浸透)に「早炊きモード」で炊くと美味しさがアップするとの研究報告もあります。

○炊きあがり時の処理

ご飯を炊き終えたら蓋を開けて、釜の下の余分な水分を抜くため、ご飯を空気に触れさせます。このとき、シャモジでご飯を十文字に切り、ご飯の下の方からシャモジを入れて、軽くひっくり返してください。

強くひっくり返すとお米同士がくっついてだまになり、味が落ちるので注意しましょう。その作業を終えたらさらに10分ぐらい置いて蒸らすとうま味と甘味が増します。

ご飯は、炊き方1つでもっと美味しくなります。特に飲食店の場合は、お米を大切に美味しく炊飯していただくとお店の評判も良くなり、繁盛するようになるはずです。

4

最近の新米はお水を少なめにしなくて良い

お米を炊く際には、水加減にも気をつけなければいけません。

特に昔の新米は、天日干し（自然乾燥）が多かったので、お米の乾燥が悪く、新米は水分が多くて柔らかくなる傾向にありました。そのため、水を少なくして炊くのが常識になっていました。

ただ、これはもう過去の話です。現在では、お米の乾燥はほぼ乾燥機で行い、数値的に水分を調節して乾燥するので、水分が多い新米に出会うことはあまりありません。

これは、お米の検査で等級が決まり、水分量を15％以下にしなければならないことも関係しています。等級検査では、水分量が15％を超えると「規格外」となり、お米の値段が格段に下がってしまいます。農家側からすると、等級が下がることは収入が下がることに等しいと言えます。

このような理由からも、水分量は16％以下を必ずクリアするように乾燥されるのです。ただし、農家から直接買う場合には、未検査の状態のまま買うこともできるので、水分が多い天日干し（ハザ掛け米など）のお米も買うことができる場合もあります。

しかし、天日干しをしている農家は今ではとても少なく、なかなか手に入れにくいでしょう。天日干しにはとても時間がかかり、小まめに管理しないとカビが生えたり、乾き方が一定でなかったり、乾燥ムラができやすいです。

水分が多すぎると保存もしにくく、カビが生えやすいので、最近の農家の乾燥具合は実際のところ、水分量14％以上15％以下を目指して乾燥することが多くなっています。

お米の乾燥機は、登場したての頃は過乾燥になるお米も多かったのですが、最近では正確に狙った水分量に乾燥できるように性能が進化しています。さらに、遠赤外線や風を上手く当てて、なるべく自然乾燥に近い状態でお米の乾燥ができるようになりました。

スーパーなどの量販店で扱われるお米の中には、精米する前のお米が乾きすぎてしまい、新米らしくない新米を扱わざるを得ない場合があります。

そういった場合は、精米の際にあえて少し加水をし、お米の水分量を上げてやります。

これによって、新米らしさが戻りますし、柔らかくなります。

最後に、お米を炊く際には、必ず水加減に注意して炊くことをおすすめします。

まずは、炊飯器に付いている目盛りの通りに加水して炊き、自分の口に合っているかを確認しましょう。そして、固いと感じるなら次に炊く際に水を少し多めにして、柔らかいと感じるなら水を少し少なめにしましょう。水加減は目盛りにすると、１ミリ〜2ミリくらいで調節するのが良いでしょう。

このようにして、加減を見ながら水の量を調整いただくのが美味しく炊くための一番の方法です。

新米の場合でもこれは同じで、最初から水を少なくする必要はありません。

まずは炊飯器の目盛りの通りにし、状況に応じて調節した方が美味しく炊けるでしょう。

ぜひ、新米の季節には、お水加減に気をつけて美味しい新米をお楽しみください。

ALL ABOUT THE RICE BUSINESS

5

用途で変わるお米の炊き方

それぞれの料理に向くお米は違うとわかっていても、普段から何種類も常備するのはなかなか大変です。しかし、同じお米でも炊き方によって味が変わり、用途の幅を広げることはできます。

同じお米と水、炊飯器を使ったとしても、水加減や研ぎ方によってご飯の味は驚くぐらい違ってきます。だからこそ、その時その時の用途に合わせたお米の炊き方を知っておくと、より一層美味しく料理をいただけるようになります。

ある品種のお米も、炊き方や研ぎ方によっては、違う品種のお米にそっくりな味になることもあります。詳細は、183ページに書きましたが、例えば研ぐ回数を変えただけで、味が濃い「つや姫」を「ひとめぼれ」のようなあっさりとしたご飯にできてしまいます。

実際にプロの世界でもこのようなことがあります。

寿司米といえば「ササニシキ」と思う方も多いと思います。たしかにお酢が絡みやすいお米で、素材の味を壊さないため寿司米に適していると言えるでしょう。

しかし、新潟県や富山県などでは、「コシヒカリ」を寿司米に使っているところがほとんどです。実際に足を運んで食べてみると、味が濃くて粘りが強いコシヒカリの特徴は緩和されており、あっさりで粘りが抑えられたお米になっていたりします。

これは、いつもよりお米をしっかり研いだり、水の量を調整したりすることで実現されています。もちろん、お酢などの調味料の工夫もありますが、コシヒカリもその扱い方次第では十分に寿司米になるのです。

では、どんぶり用のご飯の場合はどうでしょう。どんぶり用のご飯はタレが付くことも多く、少し硬めでお米の粒感があった方がタレも絡みやすく美味しくなると思います。単一銘柄の場合は、例えば「はえぬき」や「雪若丸」などが合うでしょう。ただ、その他のお米でも水加減を少なめにすることで、硬めな食感と粒感が上がり、どんぶりに合いやすくなります。

おにぎり用のご飯は、冷めても柔らかさが残り、粒がしっかりしたものが良いです。単一銘柄だと、例えば「コシヒカリ」や「ミルキークイーン」が合うでしょう。また、「雪若丸」も良いのですが、それぞれのお米で研ぎ方と水加減が違ってきます。

コシヒカリは少し硬めに炊くことが必要で、水加減を若干少なくする、ミルキークイーンも水加減を1割程度減らす、雪若丸は逆に水加減を若干多めにする。このようにすると、おにぎりとしてちょうど良いご飯に仕上がります。究極的にこだわるのであれば、おにぎりの具材によっても、合わせるお米の種類や炊き方は変わってきます。

最後に、日常生活にありがちな「普段はコシヒカリを使っているけれど、今日はカレーライスだ」というときにどうすればよいかをお話しします。

コシヒカリは、普通に炊くと粘り気があって、カレーのルーがご飯に絡まないので、なかなか美味しくなりません。そこで、少し強めに研ぎ、粘りのある層である「アリューロン層」を少し剥がしてみてください。すると、さっぱりして粘り気の少ないご飯になり、カレーにも合いやすくなります。

以上のように、水加減や研ぎ方、そして水の入れ替え回数を調節し、その時その時でお米の味を変えて楽しんでみてください。このテクニックが身につくと、普段のご飯がより一層美味しいものになります。

6

ご飯をより楽しめる保存方法

お米を炊く際に多くの人は、「ある程度まとめて炊いて保存しておく」と思います。日々の生活は忙しいですし、その方が効率的でしょう。

あなたは、できあがったご飯をどのように保存していますか。炊飯器の保温機能を使う人もいれば、ご飯を冷凍して保存する人もいますが、どちらが良いのでしょうか。

もちろん、ケースバイケースではありますが、美味しさを求める場合、冷凍保存が俄然おすすめです。

そもそも、電気炊飯器には保温機能が付いている場合がほとんどです。保温機能は、例えば朝に炊いたご飯をお昼に食べるのであれば味の変化は少なくて済みますが、夕飯に食べるとパサパサしたり、黄ばんだりする可能性が高くなって美味しくなくなります。

最近の炊飯器は、保温機能が良くなり、以前よりも長い時間保温できるようになりましたが、ご飯の美味しさを求めるならば、やはり保温はおすすめしません。

また、長時間保温していると、ご飯中の糖とアミノ酸によって、褐色物質の「メラノイジン」などが生成する「メイラード反応」が起き、ご飯が黄色っぽくなります。

これは、おこげと同じような状態です。おこげには香ばしさがあり美味しく感じますが、ゆっくりと加熱され続ける保温の場合には、むしろパサパサ感が強く、美味しさが落ちてしまいます。

さらに、ご飯には「バチルス菌」が存在し、保温している炊飯器の中は繁殖しやすい環境にあります。それにより、衛生面の問題に至らなかったとしても、変な匂いが発生したりすることもあり、味的にも美味しくなくなります。

ちなみに、炊いたご飯を冷凍保存ではなく、冷蔵庫で保存する場合はどうでしょうか。

お米のでんぷんは水に溶けにくく、水を加えて炊くと水分を吸って柔らかくなり、粘りが出ます。それが冷めてくると、水分が抜けて硬くなり、味も悪くなります。

こうした状態になってしまったお米は、再加熱しても美味しくなくなります。冷蔵庫に入れておくと、腐りにくくはなりますが、味は落ちてしまうので注意しましょう。

やはり、ご飯の保存に一番良いのは冷凍です。

冷凍ご飯は、１ヶ月ぐらいは食味が落ちずに再加熱しても比較的美味しく食べられます。

この時、冷凍時になるべく急速で冷凍した方が、炊きたての状態を維持でき、美味しいご飯になります。しかし、熱いまま冷凍庫に入れると、他の食材を悪くしてしまったり、冷凍庫の故障の原因にもなったりするのでやめましょう。


お米を冷凍保存する方法は、ラップを引き、その上に茶碗１杯分（約１５０ｇ）のご飯をのせて、１・５ｃｍぐらいの厚みで平たく長方形に整形して包みます。それをさらにアルミホイルで巻いて包みます。

アルミホイルは熱伝導が良いので、美味しさを損なわずに早くご飯が冷めます。ある程度、冷めたら冷凍庫に入れて保存します。

冷凍したご飯を食べる時は、アルミホイルを必ず外して、電子レンジのお皿の上に乗せ、５００ｗの場合で2分~2分30秒ぐらい加熱します。アルミホイルをつけたまま電子レンジに入れると、火花が散ったり、発火したりと、電子レンジの故障の原因にもなるのでお気をつけください。

家庭でお米を保存するコツ

お米は、精米してから約2週間で食味が落ちてくると言われています。お米を買ったり、もらったりした時に、お米を置いておいたら味が落ちたという経験をされた人もいるかもしれません。お米は一般的に袋のままで置いておくと、鮮度が落ちやすく、虫が湧くこともあります。

お米の袋には小さな穴が開いているものがあります。それによって、空気が抜けたり入ったりすると、お米が呼吸をしてしまいます。

お米が呼吸をすると酸化が進むので、お米の鮮度が落ちてきます。さらに、お米の水分も抜けてしまい、お米が乾燥してしまいます。乾燥したお米は、割れやすくなり食味が落ちる原因にもなります。冷蔵庫に袋のまま保存するのも良くありません。

また、お米は気温の変化にも弱く、湿気がある状態で急激に気温が10度以上あがると虫が湧く可能性が高くなります。

ひと昔前は、キッチンに米びつが一体化して付いていたり、キッチン周りに米びつを単体で設置したりしてお米を保管したので、虫が湧くこともしばしばありました。虫が湧きやすいキッチンには適度な湿気があり、火を使うと温かくなりやすいのも関係しているでしょう。

虫が湧く最たるケースは、お米の精米の精度の甘さから、糠がたくさんつき、それが米びつの内部に付着して虫が湧くというものです。米びつの掃除をしても、ネジ穴に虫が巣を作ったりしていると大変でした。

では、虫も湧かず、お米の鮮度が落ちないようにするためには、どのように保存すれば良いのでしょうか。

まず、お米を保管する容器は、空気が入らない密封できる容器を使いましょう。例えば、ジッパー付きビニール袋などに普段使う量を小まめに分けて、冷蔵庫の野菜室に保存することができればベストに近いです。

私の場合は、普段ペットボトルにお米を入れて保存しています。ただし、ペットボトルに少しでも水滴が残っているとカビが生えたり腐ったりする原因になるので、水を切ってから2週間ぐらいキャップを開けたまま乾かします。

2Lのペットボトルで約12合（約1・8kg）、500mlのペットボトルで約3合（約450g）のお米が入ります。ペットボトルは、お米の保存にとても向いていると私は思います。密封性も高いですし、お米の状態もあまり変わらなく、味もほとんど落ちません。

仕事柄、色々なお米が集まってくるのですが、どのお米も早めにペットボトルに入れ替えています。

この保存方法をしてからは、時期が経ってからお米を食べたとしても、味が悪くなったことは一度もありません。もちろん、カビも生えませんし、虫が湧いたこともありません。半年ぐらいは常温でも持つので、ぜひお試しください。

第8章

おにぎり
ミシュラン店に学ぶ
外食・中食の世界

Chapter 8 :

The world of rice dining out and ready-made meal

1

「浅草宿六」は何が違うのか

お米は飲食店の外食産業や、お弁当・お惣菜の中食産業でもよく使われます。

身近なところでは、回転寿司、弁当屋、おにぎり屋、定食屋、小料理屋、カレー屋、中華料理屋、居酒屋などに加えて、高級寿司屋、料亭、旅館、ホテルなど、挙げればキリがありません。

しかし、これらの産業にとっては「料理があって、白飯がある」と、どうしても料理がメインになってしまいがちだと思います。私自身、仕事柄もあり、外食では白飯をほとんど食べませんが、「もっとこだわってほしい」と思うことも多々あります。

そこで第8章では、こうした状況に焦点を当て、外食・中食の世界に触れていきます。

まずは「おにぎり」をテーマに、その扉を開いていきます。

今や駅ナカやデパート、ショッピングモール、商店街、幹線道路沿いなど、様々なところで「おにぎり」のお店を見かけます。また、生活に身近なところだと、コンビニにもおにぎりが並んでいます。

私もコンビニのおにぎりを食べることがありますが、地域によって使うお米の種類が違うので、味わいも地域によって異なります。

ただ、お米の味よりも海苔や具材にこだわったものが多い印象で、お米の味は「この価格だからしょうがない」と感じることが多いのも実際のところです。日々研究はされていると思いますが、お米の味についてもまだまだ改善点があるように思います。

では、おにぎり専門店はどうでしょう。例えば、東京23区のおにぎり専門店で、大手グルメサイトのランキングでも上位に位置している浅草「宿六」や大塚「ぼんご」という人気店があります。この2店は、行列ができるおにぎり専門店として、メディアでも取り上げられたりしています。

大塚「ぼんご」では新潟県産コシヒカリを使用しています。ちなみに、大塚「ぼんご」の姉妹店である板橋「ぼんご」では新潟県岩船産コシヒカリを使用しています。おにぎりのお米の味は甘く、使っている具材も一級品です。

浅草「宿六」は、ミシュランガイドに掲載されているおにぎり屋としても有名で、価格以上の満足感が得られると評される「ビブグルマン」も獲得しています。

「宿六」では毎年厳選したお米を使っていますが、基本的には新潟県産コシヒカリを主に使用しているようです。お店の雰囲気も良く、海苔の香りと味も良く、具材も厳選されています。

肝心のご飯ですが、甘味が強くてしっかりとしており、柔らかくも米粒の食感をきちんと感じられます。適度に効いた塩加減も絶品で、また食べたくなるおにぎりでした。

美味しいおにぎりのお店は、お米にこだわるとともに、お米を見る目を持っているのだと思います。にぎり方もお米の粒を壊さないように、柔らかくもしっかりと形を整えて、お米のうま味を最高に出せるようにしています。

それとともに、愛情いっぱいに手で握るのが、美味しいおにぎり専門店には必要なことだと思いました。同じ具材と同じお米を使っても、炊き方やにぎり方などでおにぎりの味は驚くほどに変わるのではないでしょうか。

ALL ABOUT THE RICE BUSINESS

2

プロ使用の業務用米は何が違うのか

お米はその用途によって「家庭用米」と「業務用米」に分けられます。意味はそのままで、家庭で食べるために小売店にも並ぶお米が「家庭用米」、大量にお米が消費される外食・中食や病院・学校などの各種施設で利用されるお米が「業務用米」です。

逆に言えば、「業務用米」はスーパーなどには滅多に並ばないので、あまり馴染みがないかもしれませんが、外食・中食の際に口にしたことがあると思います。私たちが知らないうちに食べ、案外生活にとって身近なのが「業務用米」です。

では、この「業務用米」とはどんなお米なのでしょうか。一言で言えば、食味の良さを兼ね備えつつ、比較的低価格で提供できるお米と言えるでしょう。

皆さんは、外食や中食のご飯が美味しいと思ったことはあるでしょうか。

私は外食をするとき、味を付けたご飯は食べますが、白飯は滅多に食べません。職業柄、お米の色や形などを見れば、ほぼどんな銘柄が使われているかわかってしまい、食べる気にならないのです。

はっきり言ってしまえば、一般的に使われている業務用米は、家庭用米と比較をするとあまり味を期待できるものではありません。悪いものでは、価格を安く抑えるために、粒が小さかったり細かったりするお米が使われています。

また、銘柄でも一般的に知られている品種はほとんど使われていませんでした。


しかし、外食・中食でも、ご飯が美味しいところをチラホラ見かけるようになりました。そんな美味しい業務用のお米は何が違うのでしょうか。

まず、料理する人が美味しいお米を認識し、知識がなければ美味しいご飯は出せません。その前提があった上で、供給先のお米屋さんや農家さんと話をして、自分の店に合ったお米を見つけることが大事です。もちろん、お店に合うのであれば、マイナーな単一品種でも、ブレンド米でも良いでしょう。

白飯が美味しいと感じるお店には、必ずこだわりがあります。

そのこだわりとは、例えばお米の品種だけでなく、お米の精米具合や玄米の形状、ツヤ、粒の大きさなど、外観を一律のものにすることも1つです。また、炊き上がりの粒の大きさや、香り、粘り、柔らかさや硬さといった食感、弾力までを詳細に調べて、業務用のお米を販売する業者も出てきています。

もちろん、コストがかかる分、値段も少し高くなりますが、ご飯の味は数段美味しくなります。またそのような業者には、炊き上がりの増え方が多いお米（例えば、1kgのお米を炊飯して2倍以上に増える）を販売している会社もあります。こうすることで、kgあたりの単価は高くても、通常の業務用米と同等のパフォーマンスを発揮できます。

ALL ABOUT THE RICE BUSINESS

3

牛丼チェーン店のご飯ができるまで

牛丼のご飯は、肉汁が染み込むので、ある程度しっかりした食感のお米が合います。

一昔前は、北海道の「きらら397」が大手の牛丼チェーン店で使われていたと聞きました。実際のところはわかりませんが、たしかに「きらら397」は、肉汁などが良く染み込むお米で、牛丼にはとても合うと思います。ただ、最近では「きらら397」の生産量も減ってきたため、あまり見かけなくなりました。

私は、牛丼に合うお米を選ぶとすれば、単一品種なら「はえぬき」や「ササニシキ」などを使用すると思います。ブレンド米だと、東日本なら「ななつぼし」と、「コシヒカリ」のブレンドなども合うでしょう。西日本は「ヒノヒカリ」もしくは「コシヒカリ」と、「ななつぼし」か「あきたこまち」のブレンドも良いでしょう。

大手牛丼チェーン店は、どこも国産米を１００％使用していると公表しています。大手牛丼チェーン店は、どの会社もお米にこだわりを持っていて、各社は専用の精米設備を持っています。

その精米設備は、大手米卸の精米工場並みで、着色したお米や砕けたお米などを取り除く精米設備を持つなど、かなりの力の入れようです。

また、社内で定期的にお米の試食会を開き、時期に合わせてお米を変えたり、ブレンド配合を変えたりするなど、日々研究をしています。

牛丼大手3社である「吉野家」「松屋」「すき家」では、最近はあまり単一品種を使わず、ブレンド米が増えてきているようです。そうすることで、安定した美味しさを提供できるというメリットがあります。大手のうち1社は、常に10種類前後の品種をストックしているようですし、どの会社もブレンド技術にはとても高いものがあります。

また、お米も農協や米卸会社だけでなく、生産者からも直接仕入れたりしています。これは、お米がどのようにして流通してきたか、トレーサビリティ（製品がいつ、どこで、誰によって作られたか）を明らかにするための取り組みでもあります。

ALL ABOUT THE RICE BUSINESS

4

高級寿司店のシャリができるまで

お寿司の決め手は、美味しい魚介類とお米です。高級なお寿司屋さんに行くなら、お米にこだわっているお寿司屋さんに行きたいところです。

魚介類の良し悪しは、私にはあまりわかりません。ただ、どの魚介類にどんなお米が合うのかはわかります。しかし、残念ながらシャリによってせっかく美味しい魚が台無しになってしまうケースをよく見ます。

ある人気寿司店に行った時、シャリに芯が残っていて残念な思いをしました。それでもそのお店は予約が取りづらいのですが、米屋としては絶対に許せませんでした。

お寿司のご飯は、お店によって硬めにするか、柔らかめにするかといった食感への考え方、そしてお寿司に合わせるお酢によって個性が出ます。魚介類を仕入れる際に目利きをするように、お米を仕入れる場合にも味利きが必要です。

できるお寿司屋さんは、お米の味もよく知っています。なので、お寿司屋さんに行った時は、大将に「ここの寿司米はどんなお米を使っていますか？」と聞いてみると良いと思います。企業秘密もあるかもしれないので、銘柄を教えてくれるかはわかりませんが、その返答の仕方でお米にこだわっているかどうかはわかるはずです。

あっさりとした白身の魚を多く握るお店では、「ササニシキ」などの素材の味を活かすお米を使い、マグロなどの赤身の魚や脂の乗った魚、味が濃い食材を多く握るお店では、「コシヒカリ」やそのブレンド米を使う場合が多くなると思います。

私が高級寿司店におすすめしたいお米は、次の3点を兼ね備えているものです。

①1粒が大きくて揃っていること
②お酢などの調味料が浸透すること
③うま味や甘みを素直に出せて食材の味を邪魔しないこと

これに近いお米は、単一品種で言えば「ササニシキ」なのですが、少々小粒であり、①

の条件を満たさないのが難しいところです。

最近のお米で寿司用として適しているのは、「つや姫」です。粒も適度に大きく、しつこくないスッキリとした甘味があり、食材を活かせるご飯に仕上がります。

また、「コシヒカリ」は本来の良いところを少し削る形になりますが、少し多めに研ぐことでお酢など調味料の浸透が良くなり、とても良い寿司米になります。「はえぬき」や「ハツシモ」なども寿司米としてはクセがなくて良いのですが、欲を言えばお米のうま味がさらに欲しいところです。

寿司米を選定する時は、ぜひ、お米屋さんなどの専門家に相談すると良いでしょう。

ALL ABOUT THE RICE BUSINESS

5 お弁当屋に求められるご飯

業務用米の中でも、お弁当のご飯はおにぎりと同じように、こだわる必要があります。理想を言うなら、お弁当のおかずによっても、お米の種類や炊き方を変えた方がお弁当全体の完成度がアップします。

お弁当の場合、白飯で冷めても柔らかさが残り、黄ばまないお米が必須条件です。ホカホカのできたてで提供される場合でも、しばらくして冷めてから食べられることもあるからです。

お弁当は、ご飯が冷めた時でも柔らかさが持続した方が美味しく感じられます。仕出しのお弁当屋さんの場合は、この点が特に求められることでしょう。また、お弁当屋もビジネスなので、当然ながらお米の価格は安いに越したことがありません。

では、お弁当屋さんではどんなお米を使うのが良いのでしょうか。

コストパフォーマンスを考えた場合、ご飯の味が良く、冷めても柔らかさが残るようなお米を単一品種から探すとなると、当てはまるお米はなかなか見つかりません。なので、基本方針としては、ブレンド米を用いることになります。実際にお弁当では、ブレンド米が使われることはよくあることです。

冷めた際のお米の柔らかさを保つのなら、「低アミロース米」のブレンドが有効です。低アミロース米とは、もち米とうるち米の中間とも言われ、デンプンの一種であるアミロースの含量が低いお米です。アミロースの含量が低いと、粘りは強くなります。

低アミロース米の代表格は「ミルキークイーン」で、実際にお弁当用のブレンド米に用いられることがあります。ただ、ミルキークイーンは価格が高いものが多く、「あやひめ」「淡雪こまち」など、他の低アミロース米で代用するのも手だと思います。

また、少量のもち米をブレンドするのも、冷めた際に柔らかさを持続させる1つの手です。ただし、多く入れすぎてしまうと、もち米独特の香りが出てしまい、不自然なご飯になるので、気をつけなければなりません。

続いて、ベースになるお米は例えば「はえぬき」「ひとめぼれ」「ななつぼし」などが良いと思います。本当は、おかずの食材によってお米も使い分けてほしいのですが、今挙げた3種類のお米は比較的手頃な価格で買えるものが多く、味のクセも少ないため、どんな食材にも合わせやすいです。

これらのお米をブレンドするには、どれくらいの割合で混ぜるのが良いのでしょうか。先述のもち米ほどではないにせよ、ミルキークイーンのような低アミロース米でも、混ぜすぎると独特のもち臭が出てしまうことがあります。多くても低アミロースのお米は3割まで、もち米は1割までにした方が良いでしょう。

最後に、もし単一品種でお弁当に使うとしたなら、どんなお米が合いやすいのかについても触れておきます。おすすめは、「みずほの輝き」「つきあかり」の2つです。比較的コストパフォーマンスも良く、冷めても柔らかさが持続するからです。

ALL ABOUT THE RICE BUSINESS

6

ご飯の美味しい店になるために

「ご飯が美味しい飲食店」という口コミを信じて、気になるお店に行ったことがあります。しかし、私には白飯が美味しいと思った飲食店の記憶がありません。

多くの場合、白飯とおかずの相性が合っておらず、ご飯の炊き方に関しても「土鍋で炊けば美味しい」などと安易に考えているようなお店が大半です。高級料亭や旅館などでも、白飯が出てきますが、満足できる白飯には出会ったことがありません。

そのような高級料理店では、自慢げに「うちのお店は、魚沼産コシヒカリ／新潟県産コシヒカリを使っています」など、こだわりのお米をPRするケースがあります。しかし、出している料理に合うのは本当に「魚沼産コシヒカリ」「新潟県産コシヒカリ」なのでしょうか。その点をよく考えていただきたいです。

当然ですが、美味しいお米は「魚沼産コシヒカリ」や「新潟県産コシヒカリ」だけではありません。そのような中で、料理との調和も考えず、安易にお客様にお米を提供していないでしょうか。

出している料理とご飯の調和や、ご飯によって料理の味を引き立たせるなど、そのような考えもなくご飯を提供するならば、料理は全体として美味しくは感じられません。

料亭や旅館などの懐石では、よく最後の締めに白飯とおしんこが出てきます。色々な料理の後の締めとして白飯を出すのであれば、その白飯が美味しく感じられなければ、ここまで食べてきた料理の印象が台無しになってしまいます。

お酒でも食前酒もあれば、食中酒もあり、最後の締めになるデザート的なお酒もあります。ご飯も「どのシーンで何と合わせるのか」「様々な料理が出る中、どんな流れでご飯が出るのか」、それらによっても求められることや提供すべきものが違ってきます。白飯も最後の締めとして、おしんこと一緒に出すのであれば、すべての料理の集大成になるような白飯を出していただきたいものです。

どんな形態のお店でも、お米の性質を知り、料理との相性を考えているお店は、とてもご飯の美味しいお店で、繁盛しているか、繁盛しそうなお店だと思います。

お米は、シンプルがゆえに味の違いが他の食材よりもわかりにくいと思われるかもしれません。しかし、日本人の主食であり、日本人にとって食の基礎でもあります。仕事でもスポーツでも何でも、基礎が大事と言われます。だからこそ、日本人にとっての食の基礎であるお米を大切に扱って、美味しさを極めていただけたらと思います。

料理屋さんで自信を持って、「このお米は、どんな種類のお米で、誰がどんな栽培方法で育てたのか」や「今回はこういう理由でこういうご飯を出している」といった説明ができるお店があったら行ってみたいです。

最後に、「美味しいお米を出すお店」の6つの条件をお伝えできればと思います。

①どんな品種のお米なのかとその性質を理解していること
②料理に合う品種や食べ方を理解していること
③お客様に合わせてご飯を出すタイミングを心得ていること
④炊きたてのお米の良い香りがすること
⑤ご飯が美味しく見える器を使っていること
⑥お米の美味しさを伝えられること

旅行先で食べたいコンビニのおにぎり

旅行先でもお米を食べる機会は多いはずです。

例えば、コンビニに入っておにぎりやお弁当を買うことがあると思います。その時に、「あれ？　このおにぎり、地元と同じ包装なのに味が違う」と思ったことはないでしょうか。

特に新潟県の人が、東京に来た際、「新潟のコンビニAのおにぎりが美味しいからいつも食べていたのに、東京のコンビニAのおにぎりを買ってみたら美味しくない」という話をよく聞きます。

このようになるのは、販売している地方によって、使っているお米が違ったり、水が違ったり、炊き方が違ったりすることでご飯の味が違うためです。

例えば、先ほどのケースだと新潟県では「コシヒカリ」が使われていて、東京では「ひとめぼれ」が使われている可能性が高く、こうしたことは普通にあります。

コンビニでは、なるべく地元のお米をお弁当やおにぎりに使うのが通例です。また、東京などの都市部では、その土地の炊飯事業者にご飯の供給を任せたりもします。

このような事象に関して、私がビックリしたことがあります。つい最近まで、栃木県のとあるコンビニでは、近年のお米のコンクールで金賞を多く受賞している「ゆうだい21」という銘柄米をお弁当やおにぎりに使用していた、という話を聞いたのです。「ゆうだい21」は高価なお米でもあり、これが他の地域と同じ価格で売られていたのであれば、ものすごくおトク感がありま す。

ほかにも、地域ごとに比較的高価なお米がおにぎりとして安価に販売されていることがあるので、旅先でお米の美味しい地域に行った際には、試しにコンビニのおにぎりを味わって食べてみてください。きっと、驚きがあるはずです。

第9章

パックライスに学ぶ
これからの
米ビジネスの世界

Chapter 9 :

The future of rice business

ALL ABOUT THE RICE BUSINESS

1

驚きの進化を遂げるパックライス

歴史を考えると、つい最近までは手で稲を植え、鎌で収穫し、かまどでご飯を炊いていたはずなのに、現代のお米業界はすっかり進化を遂げました。

とはいえ、昨今の異常気象や肥料などの高騰、担い手の確保、田んぼ周辺の環境保全など、課題も山積しています。これからの米ビジネスはどこへ向かうのでしょうか。

最近、若い方を中心にパックライスの利用者が増加しています。販売数も右肩上がりで、大手米卸会社含めパックライスの製造に参入する企業が増えてきています。

パックライスの正式名称は、「包装米飯」と言います。さらに、包装米飯には炊飯前のお米を殺菌して炊いてから無菌包装した「無菌包装米飯」と、包装後に加圧加熱殺菌した「レトルト米飯」の2つの製法があります。

2つの違いをわかりやすく記すと、「加熱→包装」が無菌包装米飯で、「包装→加熱」がレトルト米飯となり、原理的には順番が違うだけです。ただ、この順番の違いが性質にも違いを生みます。その違いを、先に登場したレトルト米飯の方から見ていきましょう。

レトルト米飯は、正式名称を「容器包装詰加圧熱殺菌米飯」と言い、はじめは1973年に赤飯として作られました。その後は、白飯や混ぜご飯なども販売されています。

レトルト米飯の良いところは、無菌包装米飯よりも長期保存ができることで、反対に悪い点は白飯を製造する過程としては、熱の加え方が適切でなく味が劣ることです。

ただし、赤飯をはじめとしたもち米を含むごはんや水分を多く含むお粥などには向いています。こうしたこともあり、最近では白飯のレトルト米飯は非常食として見るくらいで、ほとんど見かけなくなりました。

これに対し無菌包装米飯は、正式名称を「容器包装詰無菌化包装米飯」と言います。世界で初めて無菌化包装のパックライスが販売されたのは、1988年です。

無菌包装米飯の良いところは、白飯でも炊きたてと同様に味の良いご飯が食べられることで、反対に悪い点は長期保存できないことです。

ただし、現在では技術が進み、6ヶ月～1年くらいまでは保存ができるようになりました。白飯でも味が良く、ある程度の保存が効くため、現在ではこちらが主流になっています。

ちなみに、どちらのパックライスにも言えるのは、衛生的に安全・安心なこと、常温保存が可能なこと、電子レンジと湯煎の両方で調理ができることなどです。

最近のパックライスは味もかなり良くなってきています。各産地の銘柄米に加え、玄米、赤飯、雑穀米などバリエーションが増え、選ぶのに迷うほどです。なかには「立山連峰の伏流水を使って炊いた」など、水にこだわったパックライスも出てきています。

ここからは主流となっている無菌包装米飯について、詳しく述べていきましょう。「無菌包装米飯」の工場では、終始徹底した無菌状態の部屋で作業をします。私がパックご飯の工場を見学した時にビックリしたのは、お米を最初に入れる昇降口のところまでは人が入れますが、それ以降はまったく入れなかったことです。徹底的に無菌にこだわり、工場見学の際も「前日に納豆を食べないでください」と言われました。菌という菌は、一切入れないことを徹底しています。

加工が終わってからの袋詰めに関しても、箱詰めに関しても、全部機械が行います。最後の商品が詰まってダンボールが出てくる集積場所で、ようやく人が入ることができるようになっていました。

パックライスは海外向けにも作られており、海外の日本米のファンには大好評です。ある企業のＣＭでは、「パックご飯、こんなに美味しくて、炊飯器売れなくても知りませんよ」といったことが謳われていましたが、まんざら嘘でもなくなっているのです。

人がお米を研ぐと、その人の研ぎ方によって味が変わりますが、機械が行えば同じになります。しかも最近では、機械による炊飯技術も格段に上がっています。機械で均一に研ぎ、それも名人が研ぐようにキレイに研げれば、全部が名人のご飯になります。

ただ、パックライス選びで気をつけなければならないのは、パックを開けた際に微かに甘酸っぱい香りや薬のような匂いがするものがあることです。これは、保存のための酸味料やｐｈ調整剤などが使われているからです。これらは、海外向けに入れなければならない規制があったりすることもあり、規制に対する必要な措置として入れられていることもあります。

ただし、国内販売に特化したものは、酸味料やｐｈ調整剤などが使われていないものも今では多くあるので、ラベルを見て確認してみてください。なお、この酸味料やｐｈ調整剤などは蓋を開けてしばらくすると香りもなくなり、身体への害はないそうです。

ALL ABOUT THE RICE BUSINESS

2

これからのお米に求められるもの

お米は日本人の主食として古来から作られてきました。ただ、時代が進むにつれて、日本人の主食というだけでは限界がきているように感じています。

美味しいご飯をどれだけ追求しても、それを食べる日本人の人口が減ってきている中では、その意味合いも先細ってしまいます。こうした背景から、私は「本当に良いお米とは何なのだろうか？」と時折考えてしまうことがあります。

また、日本人の食の好みも変わりつつあります。50代以上の年配者が好むのは「柔らかめでモチモチした甘味のあるお米」ですが、20代～30代の若者が好むのは「やや硬めのしっかりした食感であっさりしたお米」という傾向にあります。これには、暑くなってきている気候も微妙に関係していると思われます。

「美味しいお米＝粘りと甘味の強いお米」という考えが昔からありますが、果たして現代において、それだけが正解と言えるのでしょうか。「粘りと甘味の強いお米」を基準とした開発競争は、少し休憩しても良いのかもしれません。

もっといえば、お米の可能性は食材に関してだけではないはずです。例えば、今でもお米は畜産用の飼料にも使われています。今後は石油の代わりに使える燃料の原料としての利用価値なども出てくる可能性もあります。

このように、これからのお米に求められるものは、「粘りと甘味の強いお米」の追求だけではなく、もっと多角的なのではないかと私は思います。それだけ、お米というものには可能性が秘められているのです。

また、今後のお米に必要なことで、私がもっとも大事だと考えることは、米文化が作り出す田園風景を守っていくことではないでしょうか。これは、自然や環境を守っていくという意味でもそうですし、日本人の心を守っていく意味でも言えることです。

最近は、肥料などの価格が高騰し、肥料を使いすぎるとお米をたくさん作っても利益が上がらない状況になってきています。さらに、化学肥料や農薬を使っていると土が痩せてしまい、予期せぬお米の病気や生物の異常発生などが起こる可能性もあります。

今一度お米づくりの原点に立ち返り、田んぼを微生物などで健康にさせ、お米も健康な土で作れるようにし、自然界の食物連鎖を上手く循環させていく。このようなことが大切ではないでしょうか。こうすれば、作物も土も健康な状態を保ち、病気になりにくくなることでしょう。これは、巡り巡って人の健康や幸福にもつながってくるはずです。

これからは化学肥料や農薬ばかりに頼るのではなく、それらを使わずとも土壌改良が行えるようにシフトしていってほしいと思います。そのためにも、無農薬、有機栽培が実行可能かつ標準になる仕組みを作っていかなければならないと思っています。

田んぼに集まる生物などを見ていると、田んぼは生物にとっても憩いの場になっているはずです。近頃、異常気象で洪水や干ばつなどが起こっていますが、日本の水田はダム的な効果もあり、環境保全のためにこれからも大切になってきます。

私も田んぼに見学に行くと、なぜか元気をもらえる気がしています。これからのお米づくりは、今以上に自然との共生が大切になってくるのだと思います。素敵なお米の生まれるところに、素晴らしい自然環境が生まれることを願う次第です。

ALL ABOUT THE RICE BUSINESS

3

品種改良の未来

　これまでにも改良され、進化を遂げてきたお米の品種。これからの米ビジネスにおいても、品種改良は必須の事柄でしょう。

　昨今の異常気象により、暑さに強く、かつコシヒカリを超えるぐらいの美味しいお米が新品種として毎年のように登場しています。現在、美味しいとされるお米は、低タンパクであることがほとんどです。そのため、お米の味を数値化する食味計なども、タンパク質が少なく水分の多いお米の点数が高くなるように設定されています。

　このように、現在の米業界では「低たんぱくが正義で、高タンパクは悪」という考えが定着しています。しかし、他の食品では高タンパクは正義とされることの方が多いはずです。

　質の良いタンパク質を摂取することは、良い食生活を送るためにも大切なことです。これが植物由来で、しかも主食のお米から摂取できるようになるのが、今後求められるのではないかと推測しています。

お米はタンパク質が高くなると、これまではパサパサで食味の悪いご飯になっていました。しかし、今後は高タンパクで美味しいお米の研究も求められてくるのではないでしょうか。

また、人口増加や異常気象による食料不足の懸念もあります。日本は食料自給率が低いので、食料不足になってしまう可能性は多少なりともあるのではないでしょうか。

そう考えると、お米は多く収穫できる多収品種で、種籾を田んぼに撒くだけで簡単に作ることができ、病気にも強く、しかも美味しいという品種が求められてくるでしょう。そのような品種の開発にも期待しています。

また、玄米ブームとも言われる現在では、玄米の栄養価にも注目して、玄米で食べやすい品種なども開発されてくると良いと思います。

玄米はご飯で食べるだけでなく、米粉などにも加工され、白米同様に用途も広がっています。その用途別に適した玄米もどんどん出てくると良いのではないでしょうか。これは夢のような話ですが、実現は可能だと思います。

そして、これらを実現する品種改良を加速化するためには、品種改良の手法そのものの改善が必要になってきます。今までの品種改良では、自然界で起きた突然変異のお米を選抜して育成させることや、人工交配による品種改良していました。その後、放射線を当てるなどして突然変異を起こす方法も開発されました。

これらによる品種改良は、求める形質が偶発的に出るまで待たなければならず、品種の開発にも大きな時間を要してしまう要因にもなっていました。しかし、最近では、その時間を短縮するため、品種改良にゲノム編集技術を用いることもできるようになってきています。これにより、求める形質を出すための突然変異を偶発的でなく、狙って起こすことができるので、品種改良に掛かっていた時間を短縮できると期待されています。

これとは別に、遺伝子組み替えによる品種改良もできるようになっていますが、こちらは他の生物の遺伝子を組み入れる技術であり、ゲノム編集は今ある遺伝子を狙った通りに削除・修正する技術です。

品種改良はお米に限らず、野菜などでもどんどん進化していくことでしょう。

ALL ABOUT THE RICE BUSINESS

4

進化を遂げる業務用炊飯システム

お米の分野においても、最近のテクノロジーの進化は凄まじく、それを目の当たりにして驚くこともあります。テクノロジーの進化は、第3章でもご紹介した稲作ではもちろんのこと、加工や流通や外食・中食に至るまで、様々な流通段階で起きてきています。

ここでは、その中から最近特に注目される「業務用炊飯システム」についてご紹介します。家庭用の炊飯器も一昔前と比べるとかなり進化してきていますが、業務用炊飯システムの進化はさらにすさまじいものがあります。

業務用炊飯システムとは、お米を大規模に炊いて外食・中食や各種施設にご飯を供給する「炊飯業者の製造ライン」と認識いただければ良いでしょう。パックライスの炊飯システムもそうですが、まさに現代的な工場になってきているといった感じです。

業務用炊飯システムには、ガス炊飯システム、ＩＨ炊飯システム、蒸気炊飯システムの3種類があります。

ガス炊飯システムは昔からありますが、今ではバーナーが並ぶ炊飯ゾーンを釜が移動する間に炊飯するというシステムができています。要するに、ベルトコンベアにお釜を流しながらお米を炊くということなのですが、こうすることでひと釜ごとに違う種類のお米を入れることが可能です。

例えば、1つの釜は混ぜご飯、1つの釜は白飯といった具合にほぼ同時に炊飯でき、お弁当屋さんなどにとっては使い勝手が良いです。

また、ガス炊飯システムは、小型のものから大型のものまで種類が多く、1つ1つの業者に合ったシステムを作りやすいメリットがあります。

一方でデメリットもあります。ガスでお米を炊くので換気などは常に気をつけなければなりませんし、炊き上がった釜のご飯を人の手でほぐさなければなりません。その際には、火傷などの事故が起きないように作業する環境を整えることが大事です。

また、強い火力でご飯にするので味は良いのですが、人の手間が入ることにより、その都度ご飯の味が変わる可能性があります。

ＩＨ炊飯システムでは、家庭用のＩＨ炊飯機をもう少し進化させた感じになっています。米の性質や水分量、その時の気温の違いを計算し、きめ細やかに温度調整ができ、安定的に品質の良いご飯が炊けるのがメリットです。ＩＨ炊飯システムは、コンビニのお弁当工場などでも使われています。

蒸気炊飯システムは、その名の通り、蒸気で炊飯するシステムです。メリットは、お米の膨張率を約2・5倍に高め、釜炊きに比べると原料のお米が少なくて済むことから、材料費の削減にもつながることです。

さらに、美味しく炊きあがることもメリットです。お米の温度を早く上げることができ、蒸気によって加水しながら炊くため、お米の粒がふっくらして形も良く、粒の周りはしっかりして、中の芯もなく柔らかいという仕上がりになり、ご飯の品質が上がります。おにぎりやお弁当とは特に相性が良いでしょう。

一方でデメリットは、システムが大型になる傾向があるので少量炊飯が難しいことと、システムの購入金額が高いことです。

業務用炊飯システムもさらに進化し、より美味しく多様な品種も一度に炊飯できるシステムや、人が手を一切触れないで炊飯できるシステムなども出てきています。

ALL ABOUT THE RICE BUSINESS

5 健康志向で変わるお米

健康のために食べるお米と言えば「玄米」と思われる方は多いと思います。また、お米に雑穀を混ぜる雑穀ごはんも人気があります。

玄米はビタミンやミネラルや食物繊維が豊富で、雑穀を混ぜると抗酸化作用があるポリフェノールなども含まれるようになります。栄養価もあり、生活習慣病などの抑制効果もあると言われています。

ただ、健康に良いお米は、何も玄米や雑穀米だけではありません。最近では身体に良い、様々な機能性を持ったお米が続々と誕生してきています。

例えば、血糖値の上昇を抑えることが期待されるお米があります。血糖値といえば、糖尿病との関係が密接です。

糖尿病の食事療法米として今注目されているのは、「高アミロース米」という品種で、アミロースの含有率が27％以上のお米です。アミロースはデンプンの一種で、多いと粘りが少なくなります。よって、高アミロース米を炊くとインディカ米のようにパラパラとしてカレーやチャーハンなどに向くお米になります。

その品種には、「雪の穂」「夢十色」「越のかおり」などがあり、「難消化でんぷん」とも言われるレジスタントスターチを多く含んでおり、これによって糖の吸収が抑えられることが期待されています。

また、玄米は身体に良いとわかっていつつも、なかなか食べにくいという方には、糠を取り除いた「胚芽米」もおすすめです。

胚芽米は、お米の芽が出てくる部分である胚芽を8割以上残したお米で、白米との比較でビタミンB1が4倍、抗酸化作用を持つビタミンEが5倍、食物繊維が3倍含まれるといわれます。さらに、血圧を下げたり、ストレスを緩和したりする効果があるといわれる「GABA」も含まれています。

さらに、胚芽米をさらに高度にした「金芽米」というお米も注目されています。

金芽米とは、特別な精米方法により、3割以上のお米の金芽を残すとともに、すべての亜糊粉層（あこふんそう）を残したお米のことです。金芽とは、胚芽から舌触りの良くない「幼芽」や「幼根」を取り除いた胚芽の基底部のことで「胚盤」ともいいます。

金芽には、ビタミンＢ１やビタミンＥが豊富に含まれています。亜糊粉層とは、通常の白米になる部分と糠の間にあるミクロン単位の非常に薄い層で、お米のうま味の素となるオリゴ糖類や食物繊維などを多く含んでいます。また、この「金芽米」への精米に向く品種として「きんのめぐみ」が開発されています。

今後は健康のために、日本人が昔食べていたお米にも注目すると良いのではないかと考えています。

江戸時代以前に日本人が食べていたお米は、精米技術も悪く、ほとんどが白米ではなかったと言われています。しかし、そのようなお米を食べていた頃は、今のような生活習慣病もほとんどなく、体力もあったのではないかと言われているのです。

織田信長が本能寺の変で襲撃された時、豊臣秀吉の大軍勢は6日で約２００ｋｍの道のり引き返す、世にいう「中国大返し」を行いました。

これができた背景には、その当時食べていたお米にも理由があるのではないかと言われています。その当時には、お米を中心とした食生活があり、お米からも良いタンパク質や健康に良い成分を摂取していたのだろうと考えられます。

当時のお米は精米方法だけでなく、品種も違っていたでしょうから、健康志向に応えるなら、当時の品種というのも見直される必要があるのではないかと思います。

お米は主食であるがゆえ、ちょっとした成分の違いが人々の健康に影響を与え、ひいては国力にも影響してくるので、健康的なお米が増えてくることを願っています。

ALL ABOUT THE RICE BUSINESS

6 海外のお米事情とグローバル化

他の食品では低いと言われる食料自給率も、お米については１００％となっています。その結果、国内に流通しているお米は国産がほとんどですが、外国産のお米も外食産業などで使われている場合があります。

日本国内では滅多に見ることはありませんが、世界中で色々な品種が生産されています。

世界のお米の品種を大別すると、日本のお米が属するジャポニカ米、タイ米に代表されるインディカ米、アジアの熱帯地域や中南米などのごく一部で栽培されているジャバニカ米の3つに分類されます。

このうち、私たち日本人に最も身近なジャポニカ米の生産量は、世界のお米生産全体の30％で、インディカ米が70％を占めています。

ちなみに、世界で一番お米を作っている国は中国です。なお、2位はインドで、日本は10位です。消費量の1位も中国で、2位はインド、日本は9位です。

これらのことからもわかるように、世界の中で見てみると、日本のお米は少数派に属するのです。日本では、お米は白飯でおかずと一緒に食べることが多く、ご飯の甘味やうま味を感じながら、お魚やお肉といった他の食べ物にも合わせやすいものが求められます。逆に、強烈な香りや味がするものはあまりありません。

では、海外のお米はどうでしょう。中国では、お米を肉や魚介を一緒に調理しても形が崩れないよう、比較的硬いお米が使われています。これは、日本のチャーハンで使われるお米とも少し違うお米です。

スペインでは、お米料理といえばパエリアなどが有名ですが、煮込みながらスパイスで味をつけて食べるので、煮崩れしない長粒の硬いお米が使われています。

イタリアでは、お米といえばリゾットが有名ですが、大きめの粒のご飯を柔らかくした後に、バターで絡めてから煮るので、煮崩れしない中粒の硬いお米が使われています。

ベトナムやタイ、ミャンマーなどでは、ナシゴレンやガパオライスのように、白米を蒸したり煮たりして柔らかくした後におかずと一緒に食べたりすることが多く、長粒の硬いお米が使われています。

以上のように、お米と一口に言っても、それぞれの国には色々なお米文化があり、それぞれの地域の食文化に適したお米が根付いています。


日本人は、「日本のお米が一番美味しい」と思っていますが、世界では日本米の良さを理解している人はまだまだ少ないのが現状です。日本のお米を海外に輸出していくのであれば、人気の高いお寿司などの食文化と一緒に伝えていくことも重要でしょう。

また、栄養価の高いお米や、特定の料理に合うお米なども、海外に販売できる可能性があります。このようなことも鑑みて、これからの日本の米づくりを考え直さなければなりません。

一方で、日本国内では今、世界中のお米の料理が食べられる環境にあります。その中では、日本も世界のお米の美味しさと食文化を知ることができます。「お米は白飯だけでなく、色々な食べ方があるのだ」ということを頭の中に入れて、海外に発信することも必要になってくるでしょう。

以上のようなことが、これからの世界に向けてのお米戦略として重要ではないでしょうか。

お米がダイエットに良い理由

「お米を食べると太る」と言う人がいますが、私は間違っていると思っています。

お米は食べすぎると太る可能性がありますが、お米の良さはパンのように塩やバターなどの味付けをする材料を使わなくていいことです。米を炊く際に加えるものは水だけです。これだけでも、主食としてのカロリーが違います。

お米は炊飯しても粒状なので、消化に時間がかかり、腹持ちが良くて間食をしなくて済みます。また、良く噛むために満腹感が得られ、食後の血糖値の急激な上昇を抑えられます。

糖質制限ダイエットをされている人もいますが、きちんと栄養を摂取しないとダイエットも失敗に終わります。糖質を制限するのではなく、お肉や食物繊維を多く含んでいる野菜などと一緒に食べていれば、糖質の吸収も抑えられます。その点でも、お米は他の食材と合わせやすい点が有効に働いてきます。

ただし、当然ですが食べすぎれば太るので注意が必要です。温かいご飯だとつい食が進んでしまい、食べすぎてしまいます。ご飯を食べる前に、食物繊維などの多い野菜類を食べてから、ゆっくりご飯をよく噛んで食べましょう。

夜遅くに食べるのも良くありません。夜遅くに食べた分のエネルギーが消費されないと脂肪として蓄積され、太る原因になります。寝る2時間前までには食べるようにしてほしいです。

ちなみに、同じご飯でも冷や飯にした方がダイエットには向いています。

冷めたご飯には、レジスタントスターチ（軟消化性でんぷん）が多く含まれ、このレジスタントスターチは大腸まで届き食物繊維と同じ働きをすると言われます。そのため、「ハイパー食物繊維」「痩せ成分」とも言われ、ダイエット効果が注目されています。

冷や飯で食べるものは、おにぎりが代表的でしょう。おにぎりは具材も豊富にアレンジできて飽きにくく、食べた量も個数という形で管理しやすいので、摂取カロリーを計算しやすくてダイエットには向いているでしょう。

また、玄米は特にダイエットに向いています。食物繊維の量は白米の6倍、ビタミンB1も5倍あり、白米以上によく噛んでゆっくり食べるので満腹感も得られます。血糖値の上昇も抑えられので、ダイエットには向きます。

玄米が食べにくければ、特殊な精米で作られる金芽米がより白米に近く、食物繊維も多いためおすすめでしょう。「金のいぶき」という品種は、この金芽米専用のお米で、宮城県が自信を持って発売したお米です。

食生活の洋風化で肥えることが多くなりましたが、まだ和食が中心だった1975年（昭和50年）以前の食生活に戻し、自然にお米中心の生活をしているだけでダイエットになるのではないでしょうか。

お米中心の生活に戻すことで、健康的な生活を取り戻すことができるようになると思います。

終章

美味しいお米を次世代につなぐために

Ensuring delicious rice
for future generation

ここまで、お米について様々な事柄を述べてきました。最後の項目では、美味しいお米を次世代につなぐために必要なことという観点で、本書で述べてきたことをまとめたいと思います。

美味しいお米を次世代につなぐためには、まず、日本のお米文化をもっと発信していくことが大切です。

お米は世界の中でも稀に見る栄養価の高い主食で、これからも進化を続ける食材です。美味しく栄養価の高いお米を進化させるためには、日本が持つ世界トップレベルの品種改良や育成技術で、その土地や気候に合ったお米を改良して育成していく必要があります。育成や品種改良の技術を守り、進化させていかなければなりません。

品種改良に関しては味の良さだけでなく、今までにない機能性にも着目すると良いでしょう。「高アミロースで血糖値の上昇を抑えられる美味しいお米」や、「免疫力が上がるお米」などは近いうちに生産されるかもしれませんし、「生活する上でのすべての栄養素を補充できるお米」などが出てくるかもしれません。

生産現場でも美味しいお米を作り続けられるように、土地改良や水路の確保、水源地を守るなど、環境整備も進める必要があります。例えば、水源地から水が枯れないようにしたり、水を貯めておく農業貯水池の整備、水質を良くするための広葉樹の植林なども必要になるでしょう。自然環境も支えていかなければ、美味しいお米は採れなくなってしまいます。

お米をさらに美味しく安全に食べられるようにするため、農薬を使わない有機栽培の田んぼも多く出てくるはずです。農薬を使わなくなることで田んぼの生態系も変わり、そこは種々の昆虫や動物などの生き物がたくさんいる場所になります。

米農家の高齢化による人手不足も深刻な問題です。ある程度は機械化などでカバーできるとしても、そのためには田んぼも小さいものから、コンバインなどの農業機械が入れられる大きなものにしなければなりません。大きくすることで生産の効率化が図れますし、コストも抑えることができます。コストを抑えられると海外のお米とも対抗できる可能性も出てきます。

お米そのものだけでなく、パックライスは誰でも電子レンジで温めれば名人級のご飯ができるので、海外向けの商品としてももっと伸びる可能性があります。パックライスを使えば、日本人だけでなく海外の人にも日本の美味しいお米を知ってもらえるチャンスが広がります。国内だけでなく、海外にも日本のお米の魅力を発信して、日本米の良さをさらに広げることで、次世代の農家にも希望を持って経営に取り組んでいただけるようになるでしょう。

米農家の後継者不足も米の作り方や経営が改善し、夢のある仕事になれば解決へと進み、美味しいお米もたくさん生産され続けるのではないでしょうか。

また、人間の食糧としてだけではなく、飼料としても新しいお米が開発されており、すべての生き物の食糧となってきています。このことも循環型農業の一環として、お米のおいしさを次世代につなげる取り組みの1つになってくると思います。

美味しいお米を次世代につなぐためには、まだまだやることは山積みですが、可能性にも満ち溢れているのです。

おわりに

この本の執筆にあたり、お米に関して広い事柄を扱うようにし、専門用語をなるべく避けて、わかりやすい1冊になるように心がけました。筆者としては、まずお米の楽しさを皆様に知っていただけたなら嬉しく思います。

本書では、1つ1つの事柄に関する深掘りは適度に留めており、お米の話にはまだまだ深くて面白いことが山ほど眠っています。ぜひ、これからもお米のことに興味を持っていただけたら幸いです。

お米は、日本人にとって主食であるにもかかわらず、知られていないことが多すぎます。日々食べるお米に関して「このお米は、どこの産地で、どのように作られているのか」を知って、もっと楽しんでいただきたいです。

私は米屋に生まれ、小さい頃から「米屋にだけはなりたくない」と思っていました。しかし、父の経営している米屋に入ってから15年目。農家さんのところまでお米を買い付けに行くようになり、美味しいお米の産地の田んぼを見て農家さんのお話を聞いているうちに「米屋、面白いかもしれない」と思い始めてしまったのです。

お米のことを知ってしまったら、「さらにもっとお米に詳しくなりたい」「日本一美味しいお米は誰が作っているのか」「お米のコンクールではどんなことをしているのか」「お米の種類は何種類あるのか」など、お米に対する疑問がどんどん増えていきました。

農家さんのお米の生産現場に行くと、楽しいことばかりでした。結果、お米の販売を辞めてしまった今でも、お米の仕事がとても楽しくできています（皆さんにとって満足のいく仕事ができているのかはわかりませんが）。

今のお米の仕事ができるのは祖父や父、産地の農家さん、産地に買い付けに行くようになるまでの米卸会社の皆様に助けていただけたおかげです。米・食味鑑定士となってからお米のコンクールでお会いした農家さんをはじめ、米・食味鑑定士協会の鈴木秀之会長とスタッフの皆様、お米を販売されている皆様や研究者の皆様との出会いにも感謝しております。

まだまだ、私自身もお米の勉強は終わりません。これからもお米の知識を増やして、その魅力を伝えていきたいと思います。

１つ心残りなのは、父が元気なうちに、もっと昔のお米の話と「初音屋」の昔の話を聞いておけば良かったと思うことです。

今回の執筆にあたっては、『魚ビジネス』の著者であるながさき一生氏の多大な協力をいただき、楽しく執筆させていただきました。また、出版社であるクロスメディア・パブリッシングの小早川社長、編集担当の宮藤さん、ありがとうございました。そして、これまでにお世話になった皆様、ここまで読んでいただいた読者の皆様に感謝いたします。

これからも、美味しいお米の発信人になれるよう頑張っていきます。

参考文献／参考資料

・農林水産省ホームページ
・全国米穀販売事業共済協同組合ホームページ
・ＪＡ全農ホームページ
・農研機構ホームページ
・おにぎり浅草宿六ホームページ
・米・食味鑑定士協会ホームページ
・大塚「おにぎりぼんご」ホームページ
・「米品種大全６」米穀データバンク（２０１９）
・「米品種大全７」米穀データバンク（２０２３）
・髙橋素子「Ｑ＆Ａご飯とお米の全疑問」講談社（２００４）
・大坪研一・中村澄子「マンガでわかる米の疑問」ＳＢクリエイティブ（２０１４）
・「米の食味評価最前線」財団法人全国食糧検査協会（１９９７）
・「コメ食味チャート２０２１」米穀データバンク（２０２１）
・「コメ食味チャート２０２２」米穀データバンク（２０２２）
・「米マップ21」米穀データバンク（２０２１）
・大坪研一監修「お米の未来」日本食糧新聞社（２０２３）
・井上繁「47都道府県・米／雑穀百科」丸善出版（２０１７）
・「お米・ごはんＢＯＯＫ」公益社団法人米穀安定供給確保支援機構（２０１９）
・平田孝一「新炊飯米専科」グレイン・エス・ピー（２０２１）
・八木宏典「知識ゼロからのコメ入門」家の光協会（２０１４）
・たにりり「稲作ＳＤＧｓをお米のプロに学ぶ」キクロス出版（２０２２）
・「わかりやすい米のハンドブック２０２１／２０２２年度版」食糧産業新聞社（２０２１）
・「酒米ハンドブック改訂版」株式会社文一総合出版（２０１７）

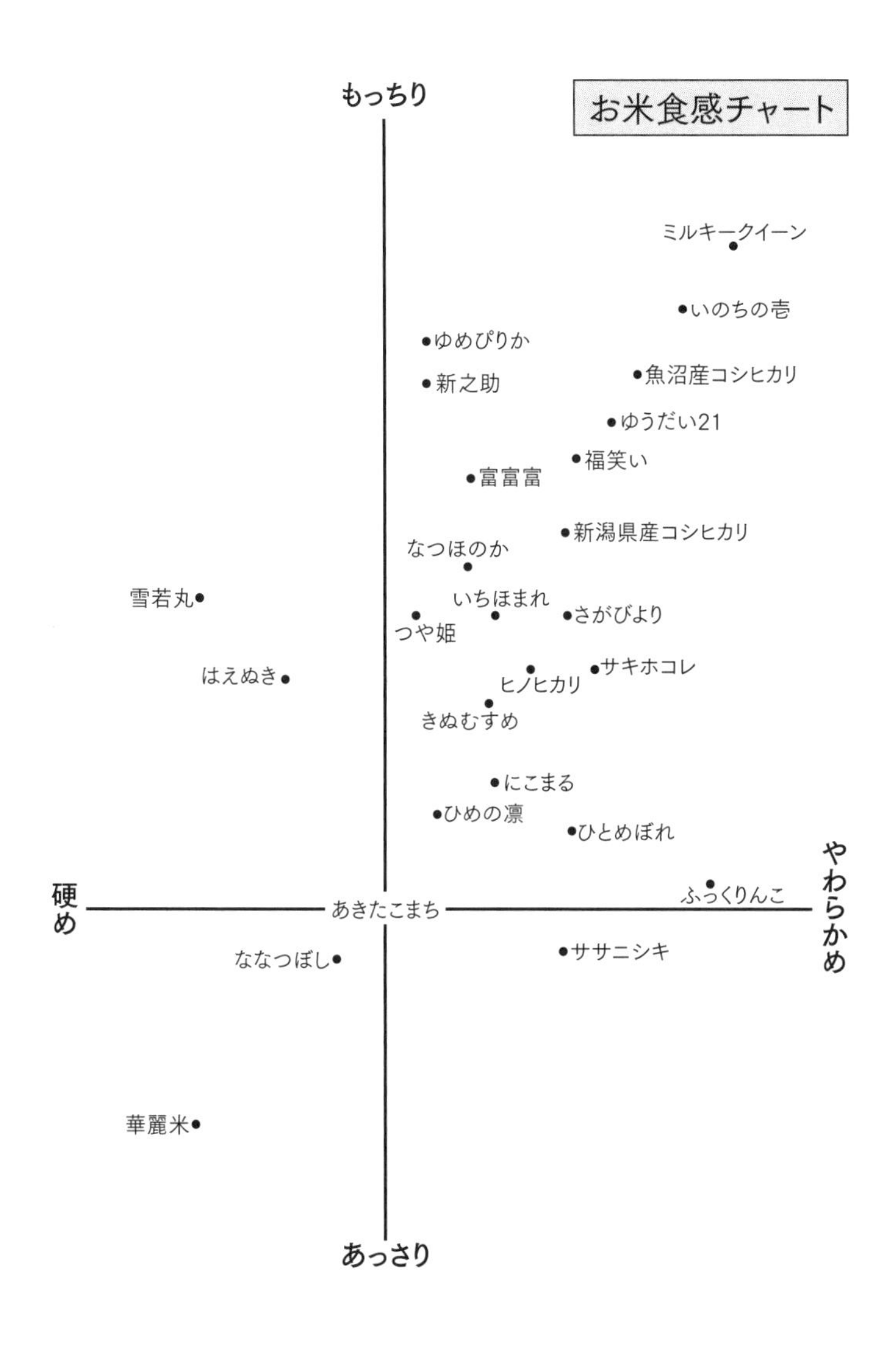
お米食感チャート
もっちり
あっさり
硬め
やわらかめ
ミルキークイーン
いのちの壱
ゆめぴりか
新之助
魚沼産コシヒカリ
ゆうだい21
福笑い
富富富
新潟県産コシヒカリ
なつほのか
雪若丸
いちほまれ
さがびより
つや姫
はえぬき
サキホコレ
ヒノヒカリ
きぬむすめ
にこまる
ひめの凛
ひとめぼれ
ふっくりんこ
あきたこまち
ななつぼし
ササニシキ
華麗米

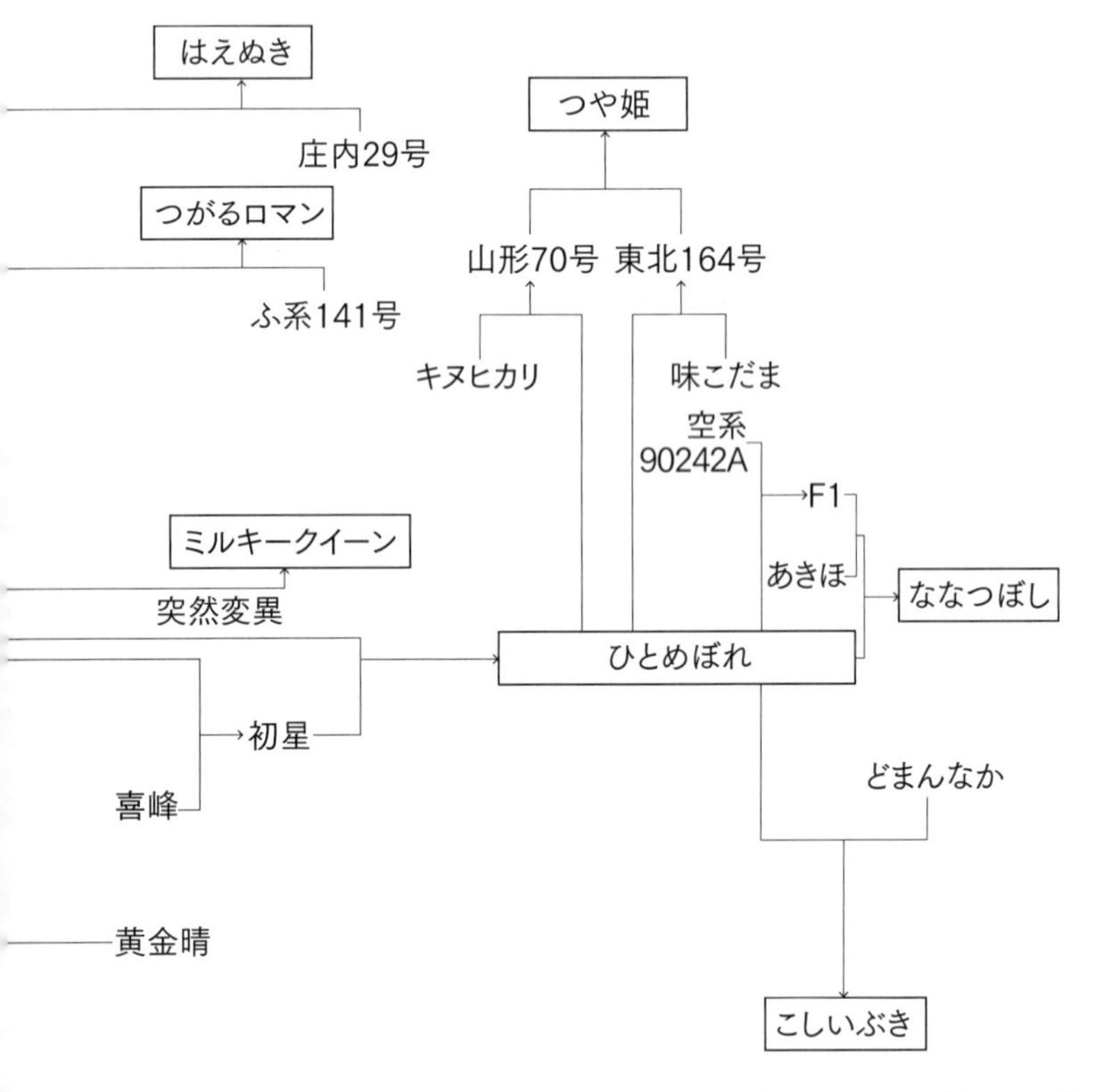

※F1…雑種第一代の異なる系統の交配により生まれた第一世代目の子孫。

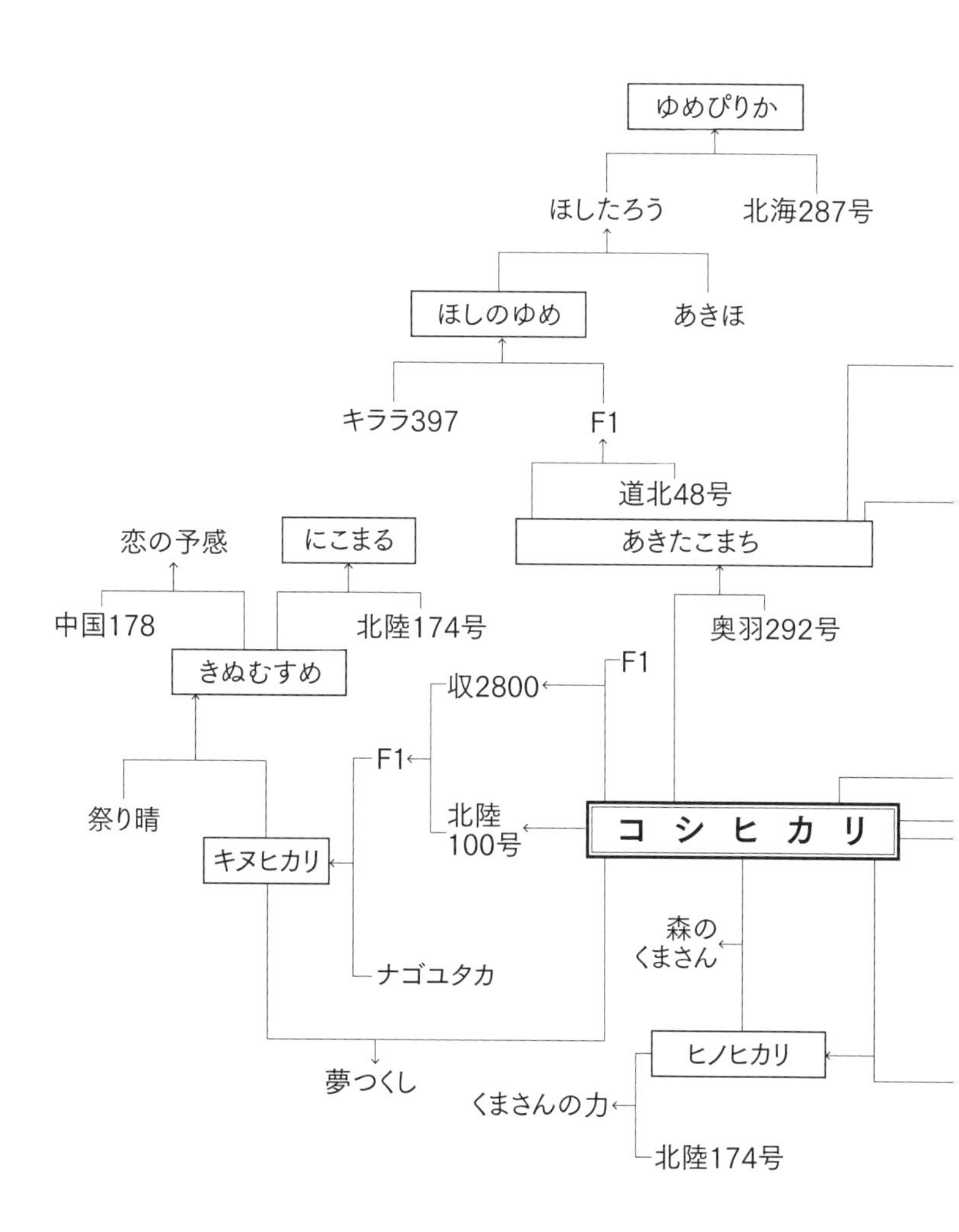
ゆめぴりか
ほしたろう
北海287号
ほしのゆめ
あきほ
キララ397
F1
道北48号
あきたこまち
恋の予感
にこまる
中国178
北陸174号
奥羽292号
きぬむすめ
F1
収2800
F1
祭り晴
北陸
100号
コシヒカリ
キヌヒカリ
森の
くまさん
ナゴユタカ
ヒノヒカリ
夢つくし
くまさんの力
北陸174号

［著者略歴］

芦垣 裕（あしがき・ひろし）

有限会社初音屋 代表取締役
米・食味鑑定士／水田環境鑑定士／調理炊飯鑑定士／おこめアドバイザー
横浜で3代続く米屋の店主。取り扱うお米は、田んぼの自然環境までを自ら確認し、気に入ったお米のみ。米・食味分析鑑定コンクール国際大会の審査員を20年以上務めている。そのほか、お米日本一コンテストin静岡の全国大会、天栄米コンクール（福島県）、栃木県産米食味鑑定コンクール、飛騨の美味しいお米食味コンクールなど、多数のお米コンクールの審査員を務める。また、ふるさと納税のポータルサイト「ふるさとチョイス」のお米特集をはじめ、フジテレビ「LiveNewsイット！」など、メディアでもお米に関するコメントを行い、お米の素晴らしさを伝えている。

米（こめ）ビジネス

2024年9月21日　初版発行
2024年10月23日　第2刷発行

著　者　　芦垣 裕

発行者　　小早川幸一郎

発　行　　株式会社クロスメディア・パブリッシング
〒151-0051 東京都渋谷区千駄ヶ谷4-20-3 東栄神宮外苑ビル
https://www.cm-publishing.co.jp
◎本の内容に関するお問い合わせ先：TEL（03）5413-3140／FAX（03）5413-3141

発　売　　株式会社インプレス
〒101-0051 東京都千代田区神田神保町一丁目105番地
◎乱丁本・落丁本などのお問い合わせ先：FAX（03）6837-5023
service@impress.co.jp
※古書店で購入されたものについてはお取り替えできません

印刷・製本　　中央精版印刷株式会社

ISBN978-4-295-41013-3　C2034